国家科学技术部创新方法工作专项项目资助
（项目编号：2014IM020300）

Chuangxin Siwei Yu Faming Wenti Jiejue Fangfa Jianming Jiaocheng
创新思维与发明问题解决方法简明教程

赵 锋 主编

西北工业大学出版社

西 安

【内容简介】 本书融入作者及课程团队成员多年来在教学与企业创新实践过程中的经验,广泛吸取国内外创新学专家的许多有益成果,通过大量的应用案例,图文并茂、深入浅出并系统地讲解发明问题解决理论(TRIZ)的基础知识。

本书所涉及的发明问题解决方法是引导人们创造性地解决问题的科学方法与法则,可以广泛应用于各个领域,其原理、算法适用于几乎所有科学领域。因此,本书可作为高等院校各专业学生学习创新思维与发明问题解决方法的通识课教材,也可作为各领域专业技术人员继续教育的公需课教材。

图书在版编目(CIP)数据

创新思维与发明问题解决方法简明教程/赵锋主编．—西安：西北工业大学出版社,2018.9
ISBN 978-7-5612-5885-9

Ⅰ.①创… Ⅱ.①赵… Ⅲ.①创造性思维—教材 ②创造发明—教材 Ⅳ.①B804.4 ②G305

中国版本图书馆 CIP 数据核字(2018)第 041746 号

策划编辑：雷　军
责任编辑：雷　军

出版发行：西北工业大学出版社
通信地址：西安市友谊西路 127 号　　邮编：710072
电　　话：(029)88493844　88491757
网　　址：www.nwpup.com
印　刷　者：兴平市博闻印务有限公司
开　　本：787 mm×1 092 mm　　1/16
印　　张：10
字　　数：234 千字
版　　次：2018 年 9 月第 1 版　　2018 年 9 月第 1 次印刷
定　　价：32.00 元

前　言

中华民族从来不缺乏创新精神，千百年来，创新及其精神文化价值，若隐若现地徘徊于历史的发展进程中，创新思想在潜移默化地影响着中华文明的进程。中国人的发明创新在世界范围内产生了重要而深刻的影响。然而，如果以时间为横轴，沿着历史的长河在世界范围内仔细梳理，我们会发现，在世界科技史上对人类社会进步产生重大影响的科技发明中，由中国人提出的科技发明的数量呈现出明显的下降趋势，尤其是 16 世纪以后，中国人在科技创新的道路上几乎顿足不前，这是一个奇怪而可怕的现象。

中国教育学家蔡元培在对中国的历史文化进行分析之后得出一个结论：中国没有科学的原因在于没有科学的方法。中国科技史学家李约瑟认为，在整个中国历史上，儒家反对对自然进行科学探索，并反对对技术进行科学的解释和推广。一个比较典型的例子就是樊迟学稼，"礼义与信足以成德，何用学稼以教民乎？"在儒家看来，道德的养成比技能的学习要重要得多。作为创新能力重要发挥领域的科技便在儒家思想统治的时代里有了"奇技淫巧"的贬称，不被重视。

新时期的中国面临着全球的挑战，只有不断创新才能够保持快速的发展，而传统文化的这种抑制力量就愈发地突显出来。当然，无论是创新，还是传统文化，盲目崇拜都是不可取的。怎样取其精华、去其糟粕、摆脱抑制、引导国人自主创新，就成了新时期需要认真考虑的问题。唯一可以肯定的是，中国人在创新方面落后的原因在于缺乏方法而非缺乏能力。

那么，当人们进行发明创造、解决技术难题时，是否有可遵循的科学方法和法则，从而迅速实现新的发明创造或解决技术难题呢？回答是肯定的，那就是默默发展了近 50 年，近几年在西方国家爆发，并正在迅速普及的被称为"超发明术"的 TRIZ。一度被作为苏联国家机密的 TRIZ 理论是由发明家 G. S. Altshuller 等人通过对世界近 250 万件高水平发明专利的分析研究，总结出人类进行发明创造、解决技术问题过程所遵循的原理和法则，并建立了一个由解决技术问题，实现创新开发的各种方法、算法组成的综合理论体系。TRIZ 的理论方法不是针对某个具体的学科、机构或过程，而是要建立解决问题的模型及指明问题解决对策的探索方向。TRIZ 的原理、算法也不局限于任何特定的应用领域，它是引导人们创造性地解决问题并提供科学的方法和法则。因此，TRIZ 理论可以广泛应用于各个领域，创造性地解决问题。

笔者 2003 年首次接触 TRIZ 理论，即被其提出的系统、具体、高效甚至有点儿神秘的创新方法所吸引。在经过一年多较为深入的学习后，便迫不及待地将其引入高校，并作为本科生的选修课在全校讲授，该课程获得了学生的广泛欢迎。经过多年对 TRIZ 理论的探索与学习，笔者认为，TRIZ 理论的推广与普及必将为我国建设创新型国家发挥重要的推动作用。

参与本书编写的人员：赵锋（西安建筑科技大学），赵峰（西安建筑科技大学），姚恒（西安建筑科技大学），陈金亮（西安建筑科技大学），张博（西安建筑科技大学）以及邵菊英（陕西广播电视大学）；陕西省科技资源统筹中心的韩保民、雷鸣老师结合多年来在继续教育领域的经验，对本书的编写提出了指导和建议，并参与了本书相关资料、案例的收集与整理工作。

限于经验和水平，书中疏漏欠妥之处在所难免，敬请读者批评指正。

赵 锋

2018 年 4 月

目 录

第1章 绪论 ·· 1

 1.1 创新与创新思维 ·· 1
  1.1.1 创新、创造、发现、发明 ··· 1
  1.1.2 思维惯性与创新思维 ··· 3
 1.2 TRIZ理论概述 ··· 8
  1.2.1 TRIZ理论的概念及发展历程 ··· 8
  1.2.2 TRIZ理论体系 ·· 13
  1.2.3 TRIZ解决问题的方法及流程 ······································· 16
 1.3 TRIZ理论中的基本概念 ··· 17
  1.3.1 发明的级别 ·· 17
  1.3.2 理想化、理想度与最终理想解 ····································· 19
  1.3.3 技术系统中的矛盾 ·· 20
  1.3.4 资源 ··· 20
 思考题 ·· 22
 参考文献 ··· 22

第2章 解决发明问题的创新思维方法 ··· 23

 2.1 传统的创新思维方法 ··· 23
  2.1.1 KJ法 ·· 23
  2.1.2 形态分析法 ··· 24
  2.1.3 信息交合法 ··· 26
  2.1.4 奥斯本检核表法 ··· 28
  2.1.5 5W2H法 ··· 31
  2.1.6 头脑风暴法 ··· 33
 2.2 TRIZ理论中的创新思维方法 ·· 35
  2.2.1 最终理想解 ··· 35
  2.2.2 九屏幕法 ·· 37
  2.2.3 小人法 ··· 39
  2.2.4 金鱼法 ··· 40
  2.2.5 STC算子 ·· 40
  2.2.6 RTC算子 ·· 41

2.3　TRIZ的创新思维方法与传统创新思维方法的比较 …………………………… 42
　　2.4　创新思维法综合应用案例 ………………………………………………………… 42
　　　　案例1　KJ法在企业管理中的应用 …………………………………………… 42
　　　　案例2　KJ法在生态环境综合治理中的应用 ………………………………… 43
　　　　案例3　运用形态分析法进行新型单缸洗衣机的创意 ……………………… 46
　　　　案例4　运用形态分析法进行汽车前照灯的创意 …………………………… 46
　　　　案例5　应用奥斯本检核表法寻找杯子和保温瓶的设计创意灵感 ………… 47
　　　　案例6　应用最终理想解解决酸液对容器腐蚀的问题 ……………………… 48
　　　　案例7　农场中兔子喂养问题的解决 ………………………………………… 49
　　　　案例8　运用九屏幕法测量毒蛇的长度 ……………………………………… 49
　　　　案例9　运用小人法解决水计量器失效的问题 ……………………………… 50
　　　　案例10　运用金鱼法解决游泳池太小的问题 ………………………………… 51
　　　　案例11　用STC算子法设想采摘苹果的便捷方法 …………………………… 52
　　思考题 …………………………………………………………………………………… 53
　　参考文献 ………………………………………………………………………………… 53

第3章　发明问题的描述与分析 …………………………………………………………… 54

　　3.1　技术系统 …………………………………………………………………………… 54
　　　　3.1.1　技术系统的定义 …………………………………………………………… 54
　　　　3.1.2　子系统和超系统 …………………………………………………………… 55
　　3.2　功能分析 …………………………………………………………………………… 56
　　　　3.2.1　功能分析及其目的 ………………………………………………………… 56
　　　　3.2.2　功能的直觉表达和本质表达 ……………………………………………… 57
　　　　3.2.3　功能定义 …………………………………………………………………… 58
　　　　3.2.4　功能模型 …………………………………………………………………… 62
　　3.3　因果分析 …………………………………………………………………………… 68
　　　　3.3.1　5W分析法 ………………………………………………………………… 68
　　　　3.3.2　因果链分析法 ……………………………………………………………… 69
　　3.4　系统裁剪 …………………………………………………………………………… 70
　　　　3.4.1　系统裁剪的概念 …………………………………………………………… 70
　　　　3.4.2　裁剪对象的选择 …………………………………………………………… 71
　　　　3.4.3　裁剪的规则及实施步骤 …………………………………………………… 71
　　3.5　系统分析综合案例 ………………………………………………………………… 73
　　　　案例1　丰田汽车生产线上机器停转的根本原因分析 ……………………… 73
　　　　案例2　美国林肯纪念堂外墙瓷砖脱落问题的根本原因分析 ……………… 73
　　　　案例3　大楼火灾原因分析 …………………………………………………… 74

案例 4　冬天静电对人身体造成刺痛感的原因分析 ················· 74
　　案例 5　"零件浸漆系统"的功能模型 ······························ 76
　　案例 6　通过裁剪产生"零件浸漆系统"的创新方案 ··············· 78
思考题 ··· 81
参考文献 ·· 83

第 4 章　40 个发明原理 ··· 84

4.1　发明原理的由来 ·· 84
4.2　TRIZ 中的 40 个发明原理 ······································ 85
　4.2.1　TRIZ 发明原理的特点 ·· 85
　4.2.2　40 个发明原理详解 ·· 86
思考题 ·· 104
参考文献 ··· 105

第 5 章　发明问题中的矛盾及其解决方法 ······················· 106

5.1　技术矛盾与物理矛盾 ··· 106
　5.1.1　技术矛盾与物理矛盾的概念 ································· 106
　5.1.2　技术矛盾与物理矛盾的区别 ································· 107
5.2　技术矛盾及其解决方法 ······································ 108
　5.2.1　39 个通用工程参数 ··· 108
　5.2.2　技术矛盾的描述 ··· 111
　5.2.3　阿奇舒勒矛盾矩阵表 ·· 112
　5.2.4　技术矛盾的解决方法及步骤 ································· 113
5.3　技术矛盾解决案例 ·· 114
　案例 1　波音 737 飞机发动机整流罩改进设计 ···················· 114
　案例 2　安全便捷的信封设计 ······································ 115
　案例 3　纺织工艺流程的改进 ······································ 117
　案例 4　菲利普灯泡的创新设计 ···································· 119
　案例 5　开口扳手的改良设计 ······································ 120
　案例 6　新型排污管道的设计 ······································ 121
5.4　物理矛盾及其解决方法 ······································ 123
　5.4.1　物理矛盾的描述 ··· 123
　5.4.2　解决物理矛盾的分离原理 ··································· 125
　5.4.3　解决物理矛盾的通用工程参数法 ···························· 130
5.5　物理矛盾解决案例 ·· 132
　案例 1　十字路口的物理矛盾及其解决 ··························· 132
　案例 2　老年人眼镜的创新设计 ··································· 133

5.6 将技术矛盾转化为物理矛盾 …………………………………………… 135
思考题 …………………………………………………………………………… 136
参考文献 ………………………………………………………………………… 137

附录 ……………………………………………………………………………… 138

附录1 奥斯本创新检核表 ……………………………………………… 138
附录2 阿奇舒勒矛盾矩阵表 …………………………………………… 140

第1章

绪 论

做科学研究,必须注重科学方法,方法是帮助人们解决"做什么""怎么做"以及"怎样做得更好"的问题。正如沈志云院士所言:"比之于智商和勤奋,对于科学研究而言,方法恐怕是一个更为重要的问题。"科学研究的灵魂是创新,创新必须注重创新方法的学习和运用。"工欲善其事,必先利其器"说的就是这个道理。

长期以来,人们一直在寻求更好、更具效率的解决问题的知识化工具——发明方法,从简单的发明技法到体系化的发明方法论,走过了一条漫长、曲折的道路。20世纪50年代,风靡欧美各国并至今不衰的创造教育运动,对人类的创造心理和创造思维过程有了新的启发;一些行之有效的创造技法,如美国的头脑风暴法、综摄法、检核表法,日本的KJ法等,已为各领域开展创造活动时所采用,以致产生了"创造学"新学科。目前,这类发明技法已有200余种,它们在发明创新活动中曾被广泛运用,并取得了一定效果。但是,如我国TRIZ理论专家赵敏所言,这类传统的发明技法存在以下共性问题:①没有把发明活动建立在物理世界的客观规律上;②没有把发明知识显性化、发明过程模型化;③绝大多数技法就是三两句话或者一两个小流程,缺乏成套的、相互印证的分析问题、解决问题的工具集。

从20世纪50年代开始,苏联发明家阿奇舒勒另辟蹊径,尝试寻找更好的发明方法。在分析归纳了数万份高水平的发明专利之后,他本人和他的学生们总结出了技术系统发展进化的方向、路径与规律,提出了符合客观规律的、模型化的、成套的解决疑难复杂问题的发明方法论——TRIZ。作为发明方法论,TRIZ理论与传统的发明技法有明显区别:一是发明方法"工具集"非常丰富且成套,并可以相互印证;二是具有模型化的分析、解决问题流程;三是解题效率远超传统发明技法。

无论是传统创新技法还是作为发明方法论的TRIZ,都试图利用人的智力和在实践中总结出来的规律性知识,以"非试错"的脑力过程快速思考出有效的解决方案。从此,人类在从事发明活动时,有了较多的方法和选择,发明效率逐步提升。

1.1 创新与创新思维

1.1.1 创新、创造、发现、发明

翻检中国古籍史料,关于创新的说法随处可见。在商汤的盛水铜盘上就刻着"苟日新,日日新,又日新"的铭辞,要求大家每天都有新的表现。真正出现"创新"一词的,则最早见于《魏书》:"革弊创新者,先皇之志也。"尽管中文"创新"一词出现较早,不过,词意与现代不同,主要

是指制度方面的改革、革新和改造,并不包括科学技术等现代意义上的创新。

在西方语系中,"创新(Innovation)"一词源于拉丁语。它原义有三层含义,一是更新,二是创造新的东西,三是改变。早在1848年《共产党宣言》中,马克思和恩格斯就指出:"资产阶级除非对生产工具,从而对生产关系,从而对全部社会关系不断地进行'创新'革命,否则就不能生存下去。"《资本论》中专门研究了近代资本主义兴起时期的科技创新活动,在题为"机器、自然力和科学的应用(蒸汽、电、机械的和化学的因素)"的笔记中,研究了1500—1850年间以蒸汽机为代表的技术创新,以流体力学为代表的科学创新,并研究了从手工作坊到大机器工业转变的制度创新,为创新研究首开先河。

国际上比较公认的是,现代意义上的"创新"一词源于美籍奥地利经济学家熊彼特(J. A. Schumpeter)于1912年所写的《经济发展理论》一书。熊彼特被认为是技术变革经济学的创始人,他提出的"创新"是指采用发明的手段,并使发明的成果转化为生产力。

至于创造与创新,学者们有两种不同看法。一种看法是,创造和创新在本质上没有什么区别,都是指通过革新、发明,产生新的思想、技术和产品。另一种看法是,创造的意思是原来没有的,通过创造产生出新的,可称为"无中生有";而创新则是指对现有的东西进行变革,使其成为新的东西,可称为"有中生新"。

创造与创新的联系在于,创造性最重要的表征是创新,即创造概念包含着创新。既然创造具备了新颖、独特的属性,那么,表征创造核心价值的创新,就更应该表现出"首创"和"前所未有"的特点,这是不言而喻的。

将创新与发明区别开来,被认为是熊彼特的另一大贡献。熊彼特认为,只要发明还没有得到实际上的应用,那么经济上就是不起作用的。无论是科学发明还是技术发明,在发明未能转化为商品之前,发明只是一个新观念、新设想,在它们没有转化为新装置、新产品、新的工艺系统之前,不能创造任何经济价值。他还认为,作为企业家职能而要付诸实际的创新,也根本不一定必然是任何一种发明。因此,可以说发明是创新的必要条件之一,但不是充分条件。

人们经常将发明和创造作为同一个概念使用,并统称"发明创造",指运用现有的科学知识和科学技术,首创出先进、新颖、独特的具有社会意义的事物及方法,来有效地解决某一实际需要。如果单独使用的话,"发明"一般用于具体事物,如蔡伦发明了造纸术,中国人首先发明了火药,等等;"创造"一般用于抽象事物,如创造新纪录,创造物质财富和精神财富等。

如果没有发现,便不会有人类的发明。人类的每项发明都是建立在发明者对某种特定自然规律的发现性认识的基础之上的。如果溯人类文明之河而上,就会发现古代社会时期的发明大都是在自发发现的基础上获得的,而近代的发明则多是自觉的发现。然而,我们也应看到,对于理性的科学发现来说,发明起着极其重要的决定性作用,科学发展史也同样证明发明亦为发现之母。从这个意义上说,发现与发明是互相促进、互相发展、紧密联系的两种过程。发现引发新的发明,发明同时导致新的科学发现。发明是科学发现的基础。

我们可以对"创造""创新""发现"以及"发明"这些概念不做严格的区分,而只需注重它们的共性:非教条性、非守旧性、非封闭性、非片面性和非狭隘性。

无论是创新,还是发明创造所遇到的问题,对其加以解决的思维方法都是相通的。"创新与发明创造"的能力既源于天赋,也来自于后天的教育培养,更来自于通过各种形式的启发和引导，包括从创新与发明创造思维方法、认知障碍及其克服，到创新的非认知调控和创造性人格特征分析等。总之，用一种新的方式、比较高的效率培养创新与发明创造型人才也是本书希望达到的目的。

1.1.2 思维惯性与创新思维

1. 思维的含义及其特点

思维(Thinking)是一种复杂的心理现象，心理学家与哲学家都认为，思维是人脑经过长期进化而形成的特有机能，并将思维定义为："人脑对客观事物的本质属性和事物之间内在联系的规律性所做出的概括与间接的反映。"例如，我们经常见到刮风、下雨，这只是对这些自然现象的"感知觉"，即仅仅是对直接作用于感官的一些事物表面现象的认识。但如果我们要研究为什么会刮风、下雨，并把这些现象跟扇扇子、玻璃窗上结水珠、壶盖上滴下水珠等现象联系在一起，发现它们都是"空气对流"的表现或"水蒸气遇冷凝结"的结果，这就是深入到事物的内里并把握因果关系的思维了。在认识过程中，思维实现着从现象到本质、从感性到理性的转化，使人达到对客观事物的理性认识，从而构成了人类认识的高级阶段。

概括性和超越性是思维的两个最基本属性。

概括性包含两层意思。首先，借助思维，人可以把形状、大小各不相同而能结出苹果的树木归为一类，称之为"苹果树"；把苹果树、枣树、槐树等依据其有根、木质茎、叶等共性归在一起，称之为"树"。这种不同层次的概括，不仅扩大了人对事物的认识范围，而且也加深了人对事物本质的了解。其次，借助思维，人可以认识植物与动物、动植物与人类的生态平衡关系，认识温度的升降与金属胀缩的关系，认识体温、生物电及血液成分等变化与人体健康状况之间的联系，等等。这种概括加深了人对客观事物的内在关系与规律性的认识，有助于人对现实环境的适应、控制与改造。

超越性是指思维能够超越具体的时间和空间，能够超越具体的客观事物。正是由于思维具有超越性，人类才可以超越时空、超越现实，去认识那些并没有直接作用于人的事物的本质，从而开拓创新。如在学习历史的过程中，我们可以根据史书记载，回溯相关历史情景；人类不能直接感知天体运行规律，却能借助思维创造出预测未来的历书；德国气象学家魏格纳卧病在床却能发现"大陆漂移"。

2. 思维的分类

对思维的分类，根据不同分类标准而有所不同。

(1)按照思维的逻辑性，可将思维分为逻辑思维和非逻辑思维。

"逻辑"一词是由"Logic"音译而来的，具有思想、原则、理性以及规律等意思。因此，逻辑思维是严格遵循逻辑规律，逐步分析与推导，最后得出合乎逻辑的正确答案和结论的逻辑活动。非逻辑思维则是一种没有完整的分析过程与逻辑程序，依靠灵感和顿悟，快速做出判断与结论的思维活动。逻辑思维和非逻辑思维是性质、特点、作用完全不同的两种思维方法，两者常常交替使用，但在思考的不同阶段，它们所起的作用又有主次之分。

一般来讲，逻辑思维讲究准确性、严密性和条理性，是人们在日常生活和学习实践中使用较多、掌握较好的一种常规思维方法；非逻辑思维则有流畅性、灵活性和独特性等特点，常被人们所忽视。面对难题,当人们陷入逻辑思维、苦苦不得其解时,非逻辑思维往往产生奇效。

在创新过程中,逻辑思维与非逻辑思维是相互促进、相互联系的。逻辑思维是非逻辑思维的基础,非逻辑思维是高度成熟的逻辑思维的产物。没有非逻辑思维做先导,难以提出新问题、新设想。非逻辑思维在创新活动中起着决定性作用,是创新思维的主要形式,但在新思想、新设想提出之后,仍需要运用逻辑思维进行推理和论证。

(2)按照思维的方向,可将思维划分为发散思维、收敛思维、逆向思维和侧向思维。

发散思维是指在解决问题时,思维从仅有的信息中尽可能扩展开去,朝着各个方向去探寻各种不同的解决途径和答案;收敛思维则指在对事物或问题的研究中,既要思想活跃和开放,又要扎根于科学的立场和方法的思维。

发散思维使思想首先得到充分解放和自由,从而在开放状态下寻找解决问题的所有可能的方案,即不放过任何可能的选择;通过发散思维之后,经过对所有可能的方案进行比较和论证,再根据科学发展或事物发展的一般规律及特殊规律,最后确认最有科学性的可行性方案。这是在科学研究和技术发明、社会经济发展和企业经营甚至人生事业发展中常常用到的创新思维的重要方式。

逆向思维是指对现有事物或理论的相反方向思考的思维方式,与正向思维相对。正向思维是一种合情合理的思维方式,而逆向思维则常有悖情理,甚至离经叛道。由于客观事物之间相互联系、相互影响、相互制约、相互作用,并在一定条件下相互转化,这就决定了逆向思维方法在创新活动中有着不可替代的重要作用。它能够从两极世界中的另一极揭示事物本质,从而弥补单向思维的不足;它有利于人们突破传统的"思维定式",开拓科学的新领域,创造出新的科学理论。

侧向思维是指思维的方向既不与一般思维分析相同,也不与之相反,而是从旁侧向外延伸。这是利用"局外"信息发现和解决问题的思维途径,这与人眼睛的侧视能力相类似。侧向思维往往是通过横向渗透的方式、经过联想的作用而达到目的的。在发明创造过程中,侧向思维有时体现为吸取、借用某一研究对象的概念、原理、方法或其他方面的成果来作为研究另一研究对象的基本思想、方法和手段,从而取得成功。"他山之石,可以攻玉"就是对侧向思维的生动写照。

【案例 1-1】

英国医生邓禄普发明自行车轮胎就是侧向思维促成的。他儿子常在卵石路上骑自行车,那时还没有充气的轮胎,因此自行车颠簸得非常厉害。一次,他在花园里浇水,手中橡胶水管的弹性突然触发了他的灵感,使他想到可以给车胎充气来缓解自行车的颠簸。于是,他用水管制成了世界上第一个充气车胎。又比如有科学家由动物的血型想到:"植物是否也有血型?"于是,采用研究动物血型的方法和手段居然从500多种植物中发现了60多种不同的"血型"。20世纪60年代兴起的"仿生学",其思维的根源也在于侧向性。

3. 思维惯性

思维惯性又称思维定式,就是人们反复思考同类问题,在头脑中形成的一种固定的思维程序和思维模式,若再遇到类似的问题,思维活动便会自然地沿着形成的思维程序和思维模式进行思考。

心理学研究认为,思维惯性是心理活动的一种准备状态,是过去的感知影响当前的感知。思维惯性说明了众所周知"抗拒变化"的现象,人们常局限"在一个固定的轨迹上",不能够跳出"框框"之外进行思考。这个现象的一个后果就是当科技发生变化时,或当新的想法被提出时,常常被一些阻力所妨碍,只能缓慢地被接受。

思维惯性对人们思考问题是有好处的,思维惯性可以大大缩短人们思考的时间,使人们能够"驾轻就熟"且迅速地解决相似的问题。据统计,思维惯性可以帮助人们解决每天所碰到的90%以上的问题。

但基于思考以往同类问题所形成的思维惯性必然会对创新思考产生一种妨碍、束缚作用,使人难以进行新的试探和尝试。在创新活动中,它是影响创新思维的主要思维障碍。

常见的思维惯性包括经验型、权威型、从众型、书本型、术语的思维惯性、功能固着的思维惯性以及专业知识的思维惯性等。

(1) 经验型思维惯性。经验型思维惯性是指人们处理问题时按照以往的经验去办的一种思维习惯,实际上是照搬经验,忽略了经验的相对性和片面性。经验型思维有助于人们在处理常规事物时少走弯路,提高办事效率,但在创造性思维运用过程中阻碍了创新。

经验是人类在实践中获得的主观体验和感受,是理性认识的基础,在人类的认识与实践中发挥着重要作用,是人类宝贵的精神财富。但经验并未充分反映出事物发展的本质和规律,在思维过程中,人们经常习惯性地根据已有经验去思考问题,制约了创造性思维的发挥。要把经验与经验型思维惯性区分开来,提高思维灵活变通的能力。

(2) 权威型思维惯性。权威型思维惯性是指这样一种思维方式:凡是权威所讲的观点、意见或思想,不论对与错,一般人多不加思考地予以接受。在思维领域,不少人习惯引证权威的观点,甚至以权威作为判定事物是非的唯一标准,一旦发现与权威相违背的观点,就唯权威是瞻,这种思维习惯就是权威型思维惯性。权威型思维惯性是思维惰性的表现,是对权威的迷信、盲目崇拜与夸大,属于权威的泛化。

【案例1-2】

英国大哲学家罗素(1872—1970年)1920年来中国讲学,听众大都为学者。罗素登上讲台,在黑板上写了一个问题:2+2=?听众认为这绝不是一道简单的数学题,台下鸦雀无声,无人敢贸然作答。在沉默许久后,罗素写出了这道题的答案"4",台下哗然。罗素这位崇尚创新的大哲学家并非故弄玄虚,而是幽默地告诉人们,过于崇尚权威会束缚人的思想,扼杀人的智慧。

(3) 从众型思维惯性。从众是一种普遍存在的心理现象,从众型思维惯性是没有或不敢坚持自己的主见,总是顺从多数人的意志。例如我们走到十字路口,看到红灯已经亮了,本应该停下来,但看到大家都在往前走,自己也会随着人群往前走。从众型思维惯性对于一般的生活、工作是可以接受的,但对于创新性思维来说却必须警惕和破除。破除从众型思维惯性,需要在思维过程中不盲目跟随,具备心理抗压能力,在科学研究和发明过程中,要有独立的思维意识。

(4) 书本型思维惯性。书本型思维惯性就是认为书本上的一切都是正确的,不能有任何怀疑和违反,是把书本知识夸大化、绝对化的片面观点。书本知识对人类所起的积极作用是显而易见的。但对于书本知识的学习需要掌握其精神实质,活学活用,不能当作教条死记硬背,不能作为万事皆准的绝对真理,否则将形成书本型思维惯性。

随着社会的不断发展,书本知识未得到及时和有效的更新,导致书本知识与客观事实之间存在一定程度的滞后性。如果一味地认为书本知识都是正确的或严格按照书本知识指导实践,将严重束缚、禁锢创造性思维的发挥。

(5)术语的思维惯性。术语的思维惯性是指,在不同的科学技术领域,人们往往遵循本行业对术语的定义和理解。例如术语"B-19",在军人看来可能是一种军用飞机的型号,而在医生看来则代表一种治疗心血管病的药物。

术语是在特定学科领域用来表示概念的称谓的集合,是通过语音或文字来表达或限定科学概念的约定性语言符号,是思想和认识交流的工具。根据术语被人们理解的难易程度,可以简单地分为专业性很强的术语(例如:跳水动作305D)、通用性工程术语(例如:传感器、对流器)、功能术语(例如:支撑物、切割器、储存罐)以及日常术语(例如:锅、棍子、绳子、日常习惯用语)等。

语言学研究表明,不同的语言表达可以强迫人们以不同的方式组织信息。因此,在对发明问题进行阐释的过程中,应避免过多地使用专业性强的术语,否则不仅会对不同领域专家造成理解上的困难,而且可能会使人们对问题的理解陷入术语的惯性思维。

【案例1-3】

假如需要对一块木板进行加工,使其上面能有一个孔,而对孔的大小、形状没有特殊的要求。如果将该问题描述为"请在木板上钻一个孔",那么该描述就可能让大多数人陷入术语的思维惯性。因为"钻"作为一个特殊的专业术语,会强迫人们来思考"钻"的方式和动作,而忽视了可以让木板上出现一个孔的其他很多种方法。例如,可以"凿一个孔""用火烧一个孔""用化学药剂腐蚀出一个孔"甚至"用子弹射一个孔"。

(6)功能固着的思维惯性。功能固着也属于思维惯性的一种,是指人们把某种功能赋予某种物体的倾向,而忽略了物体的多用功能。功能固着影响人的思维,不利于新假设的提出和问题的解决。例如,对于电吹风,一般人只认为它是吹头发用的,其实它还有多种功能,例如可以做烘干器;再例如砖,它的主要功能是用来当建筑材料,然而还可以用来当武器、坐凳等。

【案例1-4】

美国心理学家迈克曾经做过这样一个实验:他从天花板上悬下两根绳子,两根绳子之间的距离超过人的两臂长,如果你用一只手抓住一根绳子,那么另一只手无论如何也抓不到另外一根。在这种情况下,他要求一个人把两根绳子系在一起。不过他在离绳子不远的地方放了一个滑轮,意思是想给系绳的人以帮助。然而尽管系绳的人早就看到了这个滑轮,却没有想到它的用处,没有想到滑轮会与系绳活动有关,结果没有完成任务和解决问题。其实,这个问题也很简单。如果系绳的人将滑轮系到一根绳子的末端,用力使它荡起来,然后抓住另一根绳子的末端,待滑轮荡到他面前时抓住它,就能把两根绳子系到一起,问题就解决了。

(7)专业知识的思维惯性。专业知识的思维惯性是指由于受"知识面"的限制,大多数人在解决问题时总是局限于本领域或少数相关的几个领域内的知识。

【案例1-5】

1953年4月25日,《自然》杂志发表了一篇由沃森及克里克合著的论文,这篇具有里程碑意义的论文介绍了DNA的双螺旋结构(见图1-1)。DNA双螺旋结构的发现之所以如此具有吸引力,正是因为它并不符合科学成就所强调的传统套路。克里克是一位晶体学家,而沃森既是一位遗传学者又是一位野鸟观察家。在化学领域,他俩都不是专家,谁也不清楚解开DNA结构所需的基本化学知识。由于不清楚到底应该怎样解决这一难题,他们尝试了所有可行的方案。他们愿意为解开这一结构之谜而做任何事情,其中就包括建立模型。而要构建一个令人满意的模型往往需要了解来自不同领域的专业知识和数据,而当时同样致力于解决该问题的其他人却没有意识到。那些没有取得成功的人并不缺乏智慧,但他们却缺乏探索与深究,没有竭力寻找可能解决问题的途径,尤其是陷于自己所熟知的专业领域而没有将不同专业领域的知识、信息相结合。

图1-1 沃森和克里克以及他们发现的DNA双螺旋结构

4.创新思维及其特点

创新思维是指对事物间的联系进行前所未有的思考,从而创造出新事物的思维方法,是比一般逻辑思维更高级的思维形式。创新思维的实质是以不合时宜的现实事物的否定性评价为前提,或者是以"零"为起点,提出对未来事物产生和发展的新理念,从而引导、促进和催发事物的更新、变革、发展和创新的思维。

自然科学的发现、技术领域的发明和社会科学的探索都需要创新思维。与常规思维相比,创新思维的最大特点是它的流畅性、变通性和独创性。

(1)思维的流畅性又称非单一性,是思维对外界刺激做出反应的能力。它是以思维的量来衡量的,要求思维活动畅通无阻、灵敏迅速,能在短时间内表达更多的概念。

(2)思维的变通性又称灵活性,是指思路开阔,善于迅速灵活地从一个思路跳到另一个思路,多角度、多方位地探索、解决问题。

(3)思维的独特性,又称新颖性、求异性,是指与别人看到同样的东西却能想出不同的事物。思维的独特性是以独立思考、大胆怀疑,不盲从、不迷信权威为前提的,能超越固定的、习惯的认知方式,以前所未有的新角度、新观点去认识事物,提出不为一般人所有的、超乎寻常的新观念。

思维的变通性是以思维的流畅性为前提的,思维不流畅,自然谈不上变通。从创新的角度讲,变通是关键,也是人们学习和工作成功的捷径。思维的变通性是创新人才不可缺少的重要素质,它要求我们在出现问题时要做到触类旁通、举一反三。思维的独特性是流畅性和变通性的归宿,是创新思维的最高层次。

1.2 TRIZ 理论概述

1.2.1 TRIZ 理论的概念及发展历程

1. TRIZ 的概念及其来源

TRIZ 只是一个特殊缩略语,既不是俄文,也不是英文。TRIZ 是由原俄文"теории решения изобретательских задач"的缩写"ТРИЗ",按照"ISO/R9—1968E"的规定,把俄文转换成拉丁字母即 TRIZ。TRIZ 的英文同义语为"Theory of Inventive Problem Solving",缩写为"TIPS"。不管是俄文的 ТРИЗ,拉丁文的 TRIZ,还是英文的 TIPS,说的都是同一个意思——"发明问题解决理论"。TRIZ 的中文翻译有很多种版本,最早将俄文原著《创造是精确的科学》一书引进中国的魏相和徐明泽两位专家将其翻译为"发明课题解决程序",此外还有"创新问题解决理论"以及"发明家式的解决任务理论"等。国内部分创新问题专家也将 TRIZ 音译为"萃智"理论,取"萃取智慧"之意。

TRIZ 理论是苏联发明家根里奇·阿奇舒勒(G. S. Altshuller,1926—1998 年,见图 1-2)为首的研究团队通过对大量的高水平发明专利进行分析和提炼后形成的关于如何发明创造的方法论。TRIZ 理论作为一种"解决发明问题"尤其是各种疑难复杂问题效率较高、推广范围较大的系统化的方法论,其精髓是:用有限的原理与方法,解决无限的发明问题。TRIZ 理论被认为是最全面、系统地论述发明和实现技术创新的新理论,被欧美等国的专家认为是"超级发明术"。一些创造学专家甚至认为:阿奇舒勒所创建的 TRIZ 理论是 20 世纪最伟大的发明。

图 1-2 TRIZ 创始人根里奇·阿奇舒勒

2. TRIZ 理论的发展历程

1946—1985 年间的 TRIZ 理论由创始人阿奇舒勒主导,该阶段的研究成果被称为经典 TRIZ 理论。这一时期,创立了 TRIZ 理论最重要、最基本的体系、法则和工具。苏联解体后,随着大批 TRIZ 专家移居国外,该理论开始在欧美国家和亚洲的日本、韩国等国家传播并得到迅速普及和进一步发展。这一时期，虽然主要是企业主体的微观模式，但却使 TRIZ 理论脱离了苏联体制，在现代市场经济中得到检验和发展。研究者将这一阶段的研究成果称为后经典时期 TRIZ 理论或现代 TRIZ 理论。这一时期的研究成果不多，却是 TRIZ 理论体系的重要补充。

TRIZ 理论的发明人根里奇·阿奇舒勒是苏联的一位天才发明家和创造学家。他在 14 岁时就获得了首个专利证书，专利作品是水下呼吸器。15 岁的时候，他制作了一条船，船上装有使用碳化物作燃料的喷气发动机。从 1946 年开始，经过研究成千上万的专利，阿奇舒勒发现了发明背后存在的模式并形成 TRIZ 理论的原始基础。为了验证这些理论，他相继做出了多项发明。他发明的排雷装置获得苏联发明竞赛一等奖，发明了船上的火箭引擎，发明了无法移动潜水艇的逃生方法等。阿奇舒勒的多项发明被列为军事机密，他也因此被安排到海军专利局工作。

专利局的局长非常喜欢奇思妙想，一次，他让阿奇舒勒为他的一个念头想出答案：给困在敌区的士兵找出不用任何外界支援而逃脱的办法。为解决这个问题，阿奇舒勒发明了一种新型武器——一种由普通药物制作的剧毒化学品，这是一项很好的发明，他有幸得到克格勃首领贝利亚的接见。

很多人到他的办公室跟他说："请看一下这个问题，"他们说，"我解决不了，怎么办？"为了回答这些人的问题，阿奇舒勒查遍了所有的图书馆，哪怕是最初级的有关发明的课本。科学家们声称发明是偶然的结果，甚至跟一个人的情绪或血型有关。阿奇舒勒不能接受这种说法——如果还不曾有发明创造法的话，总要有人来做这件事。阿奇舒勒说："我不但自己发明，我还有责任帮助那些想发明创造的人。"当时，阿奇舒勒已经意识到发明只不过是利用一些原则将技术矛盾消除。如果发明者了解并运用这些原理，发明就水到渠成。

1946 年，阿奇舒勒开始研究隐藏在发明背后的规律，提出了识别专利的理论框架，并定义了 5 个发明等级，初步提出了技术进化的理念。

阿奇舒勒将这个想法告诉了他的同学拉菲尔·沙佩罗。沙佩罗也想成为发明家。1950 年，阿奇舒勒和沙佩罗被指控利用发明技术进行阴谋破坏，被判刑 25 年。这一从天而降的祸事几乎毁掉了阿奇舒勒的事业，但也为他在 TRIZ 领域的发展和突破提供了历练和学习的机会。在被捕以后，阿奇舒勒利用 TRIZ 理论应对各种恶劣情况从而实现自我保护，其中的很多故事都充满传奇色彩。在古拉格集中营瓦库塔煤矿的时候，他每天利用 12～14 小时开发 TRIZ 理论，并不断地为煤矿发生的紧急技术问题出谋献策。没有人相信这个年轻人是第一次在煤矿工作，他们都认为他在骗人，矿长不想相信是 TRIZ 理论和方法在帮助解决问题。1954 年，阿奇舒勒重获自由。

1956 年，阿奇舒勒和沙佩罗合写的文章《发明创造心理学》在《心理学问题》杂志上发表了。对研究创造性心理过程的科学家来说，这篇文章无疑是一枚重磅炸弹。直到那时，苏联和其他国家的心理学家还都认为，发明是由偶然顿悟而产生的——来源于突然产生的思想火花。

1957—1959 年，阿奇舒勒在阿塞拜疆建筑部工作。1958 年他举办了关于 TRIZ 理论的第一次学习讨论，在这次讨论上第一次阐述了"理想化最终结果"这个概念。1959 年他提出了解决发明问题程序（ARIZ）的概念。

阿奇舒勒在研究了世界范围的大量专利后，依赖人类发明活动的结果，提出了不同的发明办法，即发明是从对问题的分析以找出矛盾而产生的。在研究了近20万项专利后，阿奇舒勒得出结论，有1 500对技术矛盾可以通过运用基本原理而相对容易地解决。他说："你可以等待100年获得顿悟，也可以利用这些原理用15分钟解决问题。"

1961年，阿奇舒勒写了他的第一本书《如何学会发明》，在这本书里他批判了用错误尝试法去进行发明，并指出人们普遍认为的"只有天生的发明家"的看法是错误的。

1959年，为了使他的理论得到认可，阿奇舒勒向苏联最高专利机构 VOIR（苏联发明创造者联合会）写了一封信，他要求得到一个证明自己理论的机会。9年后，在写了上百封信后，他终于得到了回信，信中要求他在1968年12月之前到格鲁吉亚的津塔里举行一个关于发明方法的研讨会。这是 TRIZ 理论的第一个研讨会，也是他第一次遇到了认为是他的学生的人。一些年轻的工程师（以后还有很多其他的人）在各自的城市开创了 TRIZ 学校，一些在阿奇舒勒学校进行过培训的人，邀请他去苏联不同的城市举办研讨会和 TRIZ 学习班，图1-3所示为阿奇舒勒授课的场景。

图1-3　阿奇舒勒在授课

1969年，阿奇舒勒出版了他的新作《发明大全》。在这本书中，他给读者提供了40个创新基本措施——第一套解决复杂问题的完整法则。同一年，阿奇舒勒正式提出了专利评价体系，它是 TRIZ 理论的基础。

1970年，在阿塞拜疆的巴库市设立了青年发明家学校，该学校在1971年改为阿塞拜疆发明创新社会学院，是世界上第一个 TRIZ 学习中心。之后在很多的城市设立了发明创新学校、科技创新社会学院，这样的学校在20世纪80年代超过了500所。

1973年，阿奇舒勒把"物-场分析"引入解决发明问题的实践中，1974年阿奇舒勒在阿塞拜疆发明创新社会学院所授的课程被拍成了纪录片《发明算法》。

1970—1986年，阿奇舒勒从事小学生 TRIZ 教学，从事《青年真理报》上创新栏目的指导工作。基于从事12年的10~17岁学生的 TRIZ 教学经验，阿奇舒勒从发明解决问题的角度写出了10多万字的分析。在此经验的基础上，《哇，发明家这样诞生了》问世。

1977年，阿奇舒勒提出了物-场分析模型；1979年，发表了有关解决物理矛盾的4个分离原理;1980年,推出了第一代TRIZ软件。1989年,苏联TRIZ协会正式成立,即后来的最权威的TRIZ学术研究机构——国际TRIZ协会,根里奇·阿奇舒勒成了当之无愧的TRIZ协会主席。

1985年,在物-场分析模型的基础上,阿奇舒勒及其合作者提出了76个标准解;同年推出了发明问题解决程序ARIZ-85,这标志着TRIZ理论体系的进一步完善,TRIZ理论开始从专家的研究应用走向教育普及。1985年到20世纪90年代末是TRIZ理论发展的成熟期。

1986年为TRIZ理论发展的分水岭。在这年,因身体缘故,阿奇舒勒无法再继续从事TRIZ理论的研究,后续的TRIZ理论研究都由其他专家完成。随着1991年苏联解体,许多优秀的TRIZ专家移居欧美,TRIZ理论开始面向世界,在此期间它的现代化逐步显现。因此,将1986年之前的TRIZ理论称为经典TRIZ,此部分主要是由阿奇舒勒一个人来完成的,1986年之后的TRIZ理论为现代TRIZ。

较长时期以来,由于冷战,TRIZ理论不为西方国家所知。直至苏联解体后,随着研究人员移居欧美等西方国家,TRIZ理论很快引起世界各国学术界和企业界的极大关注。特别是传入美国后,成立了TRIZ研究咨询机构,在密歇根州等地继续进行研究,使TRIZ理论得到了广泛深入的应用和发展。

一批基于TRIZ理论的发明咨询专业公司迅速崛起,1995年完成了增强型ARIZ,1999年美国阿奇舒勒TRIZ研究院和欧洲TRIZ协会相继成立,TRIZ理论体系获得了进一步充实和发展,尤其在美国相继开发出效应知识库等第三代计算机辅助创新(CAI)软件,有力地推动了TRIZ理论在世界各国的传播和应用。

伴随着TRIZ理论在欧洲、日本、韩国及中国台湾地区的大规模研究与应用的兴起,世界各地的TRIZ研究者和应用者们广泛吸收产品研发与技术创新的最新专利成果,TRIZ的技术创新理论体系将会得到更进一步的充实和发展。

张武城教授按照TRIZ理论的产生、发展直到成熟的过程对TRIZ理论的发展历程进行了概括,如图1-4所示(张武城,2009)。

我国TRIZ理论的研究和应用刚刚起步。20世纪,我国几乎没有TRIZ理论方面的论文发表。进入21世纪,特别是最近几年,我国少数大学和企业的专家学者开始引进TRIZ理论,开展了相关的研究和应用工作并取得了令人可喜的成果。尤其值得一提的是,著名的TRIZ理论专家赵敏、张武城等人提出的"以功能为导向、以属性为核心"的U-TRIZ理论,为整合经典TRIZ庞大的知识体系提供了一个非常好的方法。其独创的"物质、属性、参数、量值(SAPV)模型"为统一经典TRIZ中各个工具提供了框架,其研究成果为现代TRIZ的发展注入了新的动力。

3. 世界范围内的TRIZ效应

目前,TRIZ理论在美国的很多企业,特别是大企业的新产品开发中得到了全面应用,取得了可观的经济效益。美国的一些世界级公司,如波音、福特、通用汽车、克莱斯勒、罗克维尔、强生、摩托罗拉、惠普、3M、宝洁、施乐等,在技术产品创新中都开展了TRIZ理论的研究和应用,取得了显著的效果。

自20世纪90年代中期以来,美国供应商协会(American Supplier Institute,ASI)一直致力于把 TRIZ、质量功能展开方法（Method of Quality Function Deployment，QFD）和田口法（Taguchi Method）一起推荐给世界 500 强企业。2001 年，波音公司邀请 25 名苏联时期的 TRIZ 专家，对波音公司的 450 名工程师进行了两个星期的培训和讨论，结合波音 767 机型改装成空中加油机的实际研发课题，利用 TRIZ 思想作为指导，获得了重要的技术创新启示，取得了关键性技术的突破，大大缩短了研发周期。由此，波音公司在投标中战胜空中客车公司，赢得 15 亿美元空中加油机订单。

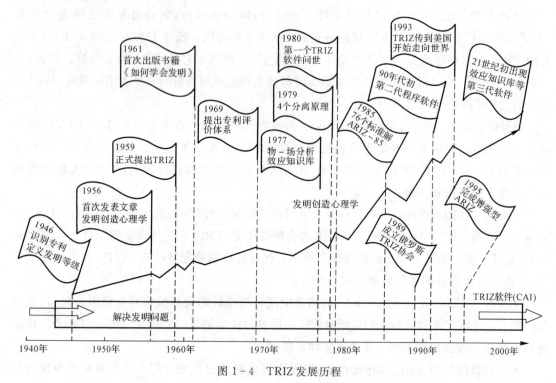

图 1-4 TRIZ 发展历程

2003 年，当"非典型肺炎"肆虐中国及全球的许多国家时，新加坡的研究人员利用 TRIZ 的发明原理，提出了预防、检测和治疗"非典型肺炎"的一系列创新型方法和措施，其中不少措施被新加坡政府实际采用，收到了非常好的防治效果。

2005 年，中兴通讯公司对来自研发一线的 25 名技术骨干进行了为期 5 周的 TRIZ 理论与方法学培训，结果有 21 个技术项目取得了突破性进展，8 个项目已申请相关专利。有专家评价到："一次培训 25 位学员，得到 21 个创新方案，其中能实现改进的估计在 60%～70%，是很成功的。"

特别值得一提的是韩国的三星公司，它是世界范围内利用 TRIZ 取得成功的最为典型的企业之一。1998 年，三星公司首席执行官尹钟龙制订了具有战略意义的价值创新计划，并在距首尔 20mi（1mi=1.609km）的水原市建立了三星公司的 VIP（Value Innovation Program）中心，其目的是"为顾客创造新价值，降低研发成本"。而实现这一战略目标的核心技术之一就是 TRIZ。

三星公司引入 TRIZ 主要用于解决以下四个方面的问题：①解决三星专家无法解决的技

术问题;②对三星公司的产品进行进化预测;③进行专利对抗,即建立专利保护,以及设法绕过竞争对手申请专利;④构建创新的企业文化,指导三星公司研发人员将 TRIZ 思维方式、方法及工具应用于日常研发工作中。三星公司在下属多个集团公司进行了技术创新理论培训与推广,推行 TRIZ 的领域涉及三星公司的预研部门、先进技术研究院、微电子家用电器生产企业及微电子设备生产企业、显示器生产企业、机械工具与装备企业、玻璃和塑胶产品企业等核心层企业。1998—2002 年,三星公司共获得了美国工业设计协会颁发的 17 项工业设计奖,连续 5 年成为获奖最多的公司。2003 年,三星电子在 67 个开发项目中使用了 TRIZ,为三星电子节约了 1.5 亿美元,并产生了 52 项专利技术。2004 年,三星公司以 1 604 项发明专利超过英特尔公司名列第六位,领先于竞争对手日本的日立、索尼、东芝和富士通公司。当时,三星公司首席执行官尹钟龙表示,要在 2005 年和 2006 年分别注册 2 000 多件专利技术(以申请美国专利为准)进入世界前五大专利企业排行榜,并于 2007 年进入前三位。三星公司从技术引进到技术创新的成功之路给渴望在经济全球化竞争中占有一席之地的中国企业提供了很多有益的、可借鉴的启示。

TRIZ 普遍应用的结果,不仅提高了发明的成功率,缩短了发明的周期,还使发明问题具有可预见性。调查资料显示,TRIZ 在欧美和亚洲发达国家和地区的企业,得到广泛的应用,大大提高了创新的效率。据统计,应用 TRIZ 的理论与方法,可以增加 80%~100%的专利数量并提高专利质量;可以提高 60%~70%的新产品开发效率;可以缩短 50%的产品上市时间。目前,TRIZ 已逐渐由原来擅长的工程技术领域,向自然科学、社会科学、管理科学、生物科学等多个领域逐渐渗透,并尝试解决这些领域遇到的问题。

1.2.2 TRIZ 理论体系

TRIZ 理论包含许多系统、科学并富有可操作性的创造性思维方法和发明问题的分析以及解决工具、方法。经过半个多世纪的发展,TRIZ 理论已经成为一套成熟的解决各领域发明问题的经典理论体系,如图 1-5 所示。

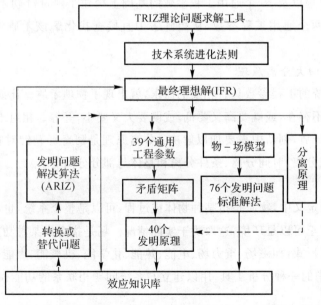

图 1-5 TRIZ 理论体系框架

1. 技术系统进化法则

阿奇舒勒的技术系统进化论可以与自然科学中的达尔文生物进化论和斯宾塞的社会达尔文主义齐肩,被称为"三大进化论"。技术系统的八大进化法可以应用于产生市场需求、定性技术预测、产生新技术、专利布局和选择企业战略制定的时机等。它可以用来解决发明问题,预测技术系统,产生并加强创造性问题的解决工具。

2. 理想度与最终理想解

TRIZ 理论在解决问题之初,首先抛开各种客观限制条件,通过理想度来定义问题的最终理想解(Ideal Final Result,IFR),以明确"理想解"所在的方向和位置,保证在问题解决过程中沿着此目标前进并获得最终理想解,从而避免了传统创新设计方法中缺乏目标的弊端,提升了解决发明问题的效率。

3. 40 个发明原理

在经典 TRIZ 创立之初,阿奇舒勒坚信解决发明问题的基本"原理"(有些文献翻译为"措施")是客观存在的。阿奇舒勒在对大量的发明专利进行研究、分析、归纳、精炼的基础上,总结出了 TRIZ 中最重要的、具有广泛用途的 40 个发明原理。40 个发明原理是人类长期与物质世界相互作用的结果,是人类发明智慧的结晶,是全人类发明知识体系中的璀璨篇章。研发人员掌握这些发明措施,可以大大提高发明的效率、缩短发明的周期,而且能使发明过程更具有可预见性。用有限的发明措施来指导发明者几乎无限的发明问题,是 TRIZ 的精髓之一。

4. 39 个通用工程参数和阿奇舒勒矛盾矩阵

阿奇舒勒在对大量专利进行分析的同时还发现,几乎所有的发明问题,包括各种工程技术问题都可以用一系列有限的"通用工程参数"来描述。在学习 TRIZ 理论之前,我们所用到的各种"参数"可能是行业特定的具体参数,这些参数不仅太多,而且部分参数的定义模糊,在本体语义上重复。阿奇舒勒对数量众多的工程参数进行了一般化处理,最终确定了 39 种能够表达几乎所有技术问题(技术矛盾)的通用工程参数,并对它们进行了编号。

在 40 个发明原理以及 39 个通用工程参数的基础上构建了阿奇舒勒矛盾矩阵,可以根据系统中产生矛盾的两个通用工程参数,从矩阵表中直接查找化解该矛盾的发明原理来解决问题。

5. 物理矛盾和四大分离原理

当一个技术系统的工程参数具有相反的需求,就出现了物理矛盾。比如说,要求系统的某个参数既要出现又不存在,或既要高又要低,或既要大又要小,等等。相对于技术矛盾,物理矛盾是一种更尖锐的矛盾,创新中需要加以解决。分离原理是阿奇舒勒针对物理矛盾的解决而提出的,分别是空间分离、时间分离、条件分离和整体与部分分离等。

6. 物-场模型

在物-场模型的定义中,物质是指某种物体或过程,可以是整个系统,也可以是系统内的子系统或单个物体,甚至可以是环境,这取决于实际情况。场是指完成某种功能所需的手法或手段,通常是一些能量形式,如磁场、重力场、电能、热能、化学能、机械能、声能、光能等等。物-场分析是 TRIZ 理论中的一种分析工具,用以建立与系统问题相联系的功能模型。

7. 发明问题的标准解法

标准解法共有 76 个,分成 5 级,各级中解法的先后顺序也反映了技术系统必然的进化过程和进化方向。标准解法可以将标准问题在一两步中快速解决,标准解法是阿奇舒勒后期进行 TRIZ 理论研究的最重要成果,同时也是 TRIZ 高级理论的精华。标准解法也是解决非标准问题的基础,非标准问题主要应用发明问题解决算法(ARIZ)来进行解决,而 ARIZ 的主要思路是将非标准问题通过各种方法进行变化,转化为标准问题,然后应用标准解法来获得解决方案。

8. 发明问题解决算法(ARIZ)

同 TRIZ 一样,ARIZ 也是将俄文发明问题解决算法按照"ISO/R9—1968E"的规定转换成拉丁字母并取其首字母缩写而得的,英文缩写为 AIPS(Algorithm for Inventive Problem Solving),中文为"发明问题解决算法"。ARIZ 是发明问题解决过程中应遵循的理论方法和步骤,ARIZ 是基于技术系统进化法则的一套完整问题解决程序,是针对非标准问题而提出的一套解决算法。ARIZ 的理论基础由以下 3 条原则构成:① 通过 ARIZ 确定和解决引起问题的技术矛盾;② 问题解决者一旦采用了 ARIZ 来解决问题,其惯性思维因素必须被加以控制;③ ARIZ 也不断地获得广泛的、最新的知识基础的支持。

9. 科学效应和现象知识库

科学原理,尤其是科学效应和现象的应用,对发明问题的解决具有超乎想象的、强有力的帮助。解决发明问题时会经常遇到需要实现的 30 种功能,依据这 30 种功能的代码可以查找 TRIZ 理论推荐的科学效应和现象。经典 TRIZ 理论推荐了 100 个常用的科学效应和现象。

图 1-6 所示更加直观地展示了经典 TRIZ 理论解决发明问题的方法、工具以及相关术语,有利于读者更好地理解 TRIZ 理论的体系结构以及各种方法、工具之间的逻辑关系。

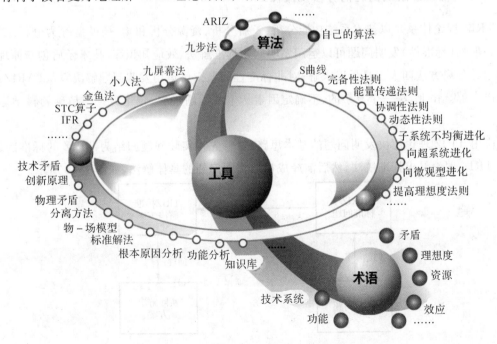

图 1-6 TRIZ 中各种方法(工具)之间的关系

此外，研究者将 TRIZ 理论与哲学、自然科学、系统科学等融为一体，提出了更为科学、完整的 TRIZ 理论体系，如图 1-7 所示。该体系以辩证法、系统论、认识论为理论指导，以自然科学、系统科学和思维科学为支撑，以技术系统进化法则作为理论主干，以技术系统/技术过程、矛盾、资源、最终理想解为基本概念，以解决技术系统问题和复杂发明问题所需的各种问题分析工具、问题求解工具和解题流程为操作工具。这一 TRIZ 理论体系不仅体现了 TRIZ 理论在整个人类知识体系中的地位，而且阐明了 TRIZ 理论与哲学、自然科学、思维科学以及系统科学间的关系。

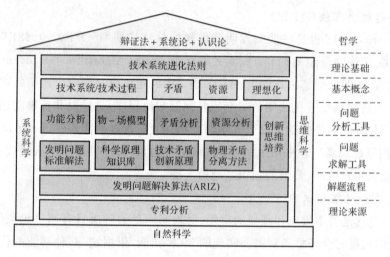

图 1-7　TRIZ 理论体系

1.2.3　TRIZ 解决问题的方法及流程

TRIZ 理论体系是以技术系统功能分析、矛盾分析、资源分析和物-场模型等为分析工具，对于一般性（标准性）发明问题可以运用发明问题标准解法、效应知识库、技术矛盾创新原理和物理矛盾分离方法四大工具予以求解；对非标准性问题则可运用发明问题解决算法（ARIZ）工具予以求解。由此，将一个复杂的、不确定因素丛生的解题过程，转化为一门精确的科学运作过程。

应用 TRIZ 理论解决发明问题的基本思路是：首先将实际问题归结为 TRIZ 的标准问题，应用 TRIZ 理论寻求标准解法，然后演绎成初始实际问题的具体解法，如图 1-8 所示。

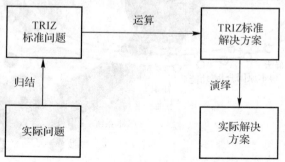

图 1-8　TRIZ 理论解决问题的思路

应用 TRIZ 理论解决发明问题的基本流程如图 1-9 所示,包括以下四个步骤:

(1)通过系统功能分析、资源分析以及矛盾分析,可以直接运用效应知识库获得高水平的解决方案。

(2)通过物-场分析,如发现是标准问题,则从 76 个标准解中获得解决方案。

(3)通过矛盾矩阵分析,运用 40 个发明原理获得解决方案。

(4)对于非标准复杂发明问题,则应用发明问题解决算法工具来选择和描述问题,如果一次不能解决,则反复进行描述,以求准确地描述问题和定义矛盾,将初始问题转换为标准问题,然后通过综合运用 40 个发明原理、76 个标准解和效应知识库获得高水平的解决方案。

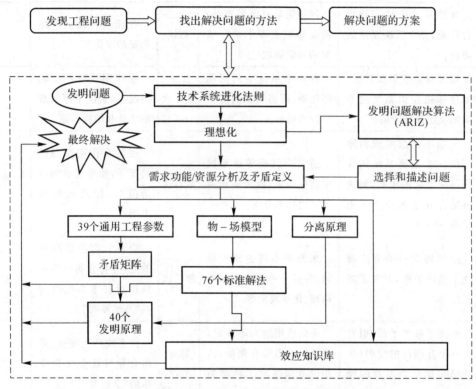

图 1-9 TRIZ 解决发明问题的基本流程

技术系统进化法则是 TRIZ 的理论基础。在应用 TRIZ 理论方法工具解题过程中,要始终以技术系统进化法则为指导,并以实现理想化为目标,为消除系统无用的及有害的功能,实行及提升有用功能,运用 40 个发明原理、76 个标准解及分离原理等工具来获得高水平的解决方案。

1.3 TRIZ 理论中的基本概念

1.3.1 发明的级别

阿奇舒勒通过对大量的专利进行分析后发现,各国不同的发明专利内部蕴涵的科学知识、技术水平,都存在着很大的差异。以往,在没有分析这些发明专利的具体内容时,很难区分出不同发明专利存在的知识含量、技术水平、应用范围、对人类的贡献大小等问题。明显的结论是：不同级别的发明专利来自不同水平的发明，二者互相对应。因此，把各种不同的发明专利，依据其对科学的贡献程度、技术的应用范围及为社会带来的经济效益等情况，划分一定的等级加以区别，就可以更好地应用和推广这些不同级别的专利。在 TRIZ 理论中，阿奇舒勒把发明划分为以下五个等级（见表 1-1）。

表 1-1 发明等级及其特点

发明等级	标准	问题来源及解题所需知识范围	实验次数	解题后引起的变化	比例/(%)
一级发明	使用某一组件实现设计任务，并未解决系统的矛盾	问题明显且解题容易；所需知识来源于某一狭窄的知识领域	数次	在相应特性上产生明显的变化	32
二级发明	对现有系统稍加改进，通过移植相似系统的方案解决了系统矛盾	存在于系统中的问题不明确；所需知识属于某一技术的分支	数十次	在作用原理不变的情况下，解决了原系统的功能和结构问题	45
三级发明	从根本上改变或消除至少一个主要系统组件来解决系统的矛盾，解决方案存在于某一个工程学科	通常由其他等级系统中衍生而来；所需知识属于其他技术分支	数百次	在转换作用原理的情况下，使系统成为有价值的、较高效能的发明	18
四级发明	运用跨学科的方法解决了系统矛盾，开发了新系统	来源于不同的知识领域，包括一些鲜为人知的物理、化学现象等	数千次	使系统产生极高的效能，并将会明显地导致相近技术系统改变的"高级发明"	<4
五级发明	解决了系统矛盾，引发了一个开创性的发明（往往是根据最新发现的现象）	来源或用途均不确定，选择的动力没有先例；其知识范围超越了科学的界限	数百万次	使系统产生突变，并将会导致社会文化变革的"卓越发明"	<0.3

值得指出的是，某些一级发明和五级发明尽管都是"首次"出现的事物，但是一级发明仅仅是首次复现了自然界中已经存在的功能，例如竹筒、椰子壳等可以有"盛水"的功能，根据既有的原理，用不同的材料把它们做成了产品而已。而五级发明则是创造出自然界从未有过的东西；二到四级发明是对一级发明的"逐步升级与再造"。以杯子为例，有盖子的杯子、能保温的杯子可以算作二级发明（改进了几个组件），有内胆、有密封饮嘴的保温杯可以算作三级发明（改进了多个组件），如果有属于四级发明的杯子，那么这个杯子在"盛水"的基本功能方面必须要有原理上的变化。例如，显微镜、蒸汽机车、复印机等应属于四级发明；X 光射线、激光、青霉素、超导材料等则应属于五级发明。

【案例1-6】
休·摩尔为解决他的哥哥劳伦斯发明的纯净水自动售卖机的"陶瓷杯易碎"以及"疾病传染"问题而发明的"一次性纸杯",尽管在今天看起来似乎很简单,但克伦宾博士认为一次性纸杯是一项非常伟大的发明,因为其不仅创造性地采用了"不被水浸湿的纸",而且在当时的医疗和生活环境下,一次性纸杯是"将人类从病毒中解救出来的一个有效方法"。根据不同发明等级的特点,尤其是从"问题来源及解题所需知识范围"判断,这个看似简单的发明甚至可以属于四级发明的范畴。

TRIZ源于专利,充分领会和认识专利发明的等级可以让我们更好地学习和领悟TRIZ的知识体系。阿奇舒勒认为,一级发明过于简单,大量低水平的一级发明抵不上一项高水平的发明,因此不具有参考价值。五级发明对于一般科研人员来说又过于困难,可遇不可求,因此也不具有参考价值。TRIZ是在分析二级、三级和四级发明专利的基础上归纳、总结出来的。因此,利用TRIZ可以解决一级到四级的发明问题,对于五级发明来说,是无法利用TRIZ来解决的。这也是TRIZ自身的一个局限性。

1.3.2 理想化、理想度与最终理想解

创新过程从本质上说是一种不断追求"理想化"的过程。TRIZ理论中引入了"理想化""理想度"和"最终理想解"等概念,目的是进一步克服思维惯性,开拓研发人员的思维,拓展解决问题可用的资源。

1. 理想化

理想化方法是科学研究中创造性思维的基本方法之一。它主要是在大脑中设立理想的模型,通过思想实验的方法来研究、揭示对象的固有规律。理想化方法最为关键的部分是思想实验,它是从一定的原理出发,在观念中按照实验的模型展开的思维活动。思想实验还不是科学实践活动,它的结论还需要科学实验等实践活动来检验。

理想化模型包含所需要解决的问题中所涉及的所有要素,可以是理想系统、理想过程、理想资源、理想方法、理想机器、理想物质等。其中,理想系统可以是没有实体,没有物质,也不消耗资源,但能实现所有需要的功能,而且不传递、不产生有害的作用(如废弃物、噪声等)。理想过程可以是只有过程的结果,而没有过程本身,突然获得所需要的结果。理想资源是指存在无穷无尽的资源,供随意使用,而且不必受其他条件约束,不必付费(如空气、重力、阳光、潮汐、风、地磁等)。理想方法是不消耗能量和时间,只是通过自身调节,获得所需的功能。理想机器就是没有质量、体积,但能完成所需要的工作。理想物质是指即使没有物质,功能仍然可以实现。因为理想化包含多种要素,系统的理想化程度需要对各个方面进行衡量。

理想化下建立起来的优化模型往往具有超前性,这是创新的天然标志。理想模型的建立可以促进人们想象力的提高,活跃人的思维,它在一定程度上为科学的发展指明了方向。利用理想模型,可以使复杂问题的处理方法更为简单而不发生大的偏差,还有助于培养人的创造性思维能力,使人们更清楚地认识自然、改造自然,使之更好地为人类服务。

2. 理想度

理想度是衡量理想化水平的标尺。一个技术系统在实现功能的同时,必然有两个方面的作用,即"有用功能"与"有害功能",理想度通常是指有用功能与有害功能和成本之和的比值。一个系统的理想度可以表示为

$$理想度 = \frac{\sum 有用功能}{\sum 有害功能 + \sum 成本}$$

由公式可以看出,技术系统的理想度与有用功能之和成正比,与有害功能之和成反比。理想度越高,产品的竞争能力越强。创新中以理想度增加的方向作为设计目标。

通常在使用过程中不直接计算理想度水平,而是比较当前系统和未来系统或其他系统。技术系统改进的一般方向是提升理想度的比值,努力提升其理想度。

3. 最终理想解

最终理想解(IFR)是 TRIZ 理论中一个非常重要的概念。最终理想解是一种解决技术系统问题的具体方法或者是技术系统最理想化的运行状态。

最终理想解只关注于顾客的需要或者功能的需要。在最终理想解的条件下,系统没有实体和能源消耗,不占有更大的空间,没有多余的重量,也不需要额外的维护,技术系统只有有用的功能而没有无用的或有害的功能,但能够完成技术系统的功能,也就是物理实体趋于零,功能无穷大,简单说,就是:"功能俱全,结构消失"。因此,最理想化的技术系统应该是:最终理想解是理想化水平最高、理想度无穷大的一种技术状态。

综上所述,理想化是技术系统所处的一种状态,理想度是衡量理想化的一个标志和比值,最终理想解是在理想化状态下解决问题的方案。

1.3.3 技术系统中的矛盾

马克思哲学认为事物发展的源泉和动力是矛盾。矛盾是反映事物内部对立和统一关系的哲学范畴,简言之,矛盾就是对立统一。在 TRIZ 理论中,阿奇舒勒认为大量发明所面临和需要解决的问题也正是矛盾。在把 TRIZ 词汇从俄文翻译成英文时,也有人把"矛盾"翻译为"冲突"。

在一个技术系统中,当改变某个零件或部件的设计,即提高产品某些方面的性能时,可能会影响到与这些被改进设计零部件相关联的零部件,结果可能使另一方面的性能受到影响。如果这些影响是负面的,则该技术系统中出现了矛盾(冲突)。

解决矛盾所应遵循的规则是:"改进系统中的一个零部件或性能的同时,不能对系统或相邻系统中的其他零部件或性能造成负面影响。"

技术系统中存在两种矛盾:技术矛盾和物理矛盾。具体将在本书第 3 章介绍。

1.3.4 资源

简单地说,资源就是一切可以被人类开发和利用的物质、能量、信息的总称。我们通常所

说的"完成……(任务/功能),用到了……(资源)"就是一种对资源的描述方式。在TRIZ理论中,资源可以分为以下六类:

(1)物质资源:系统内或超系统中的任何物质。如原材料、组件、废料,以及一些免费或廉价物质,如水、空气、沙子等。例如,渔夫把湖底的泥土堆积到一端,用其上的生物和蚯蚓来吸引鱼类。在这个例子中,湖底的泥土就成为一种有用的物质资源。

(2)能量资源:系统中存在或能够产生的能量流、场。系统中或超系统中任何可用的场都属于能量资源。例如机械能(旋转、压力、压强等)、热能(加热、冷却等)、化学能(化学反应产生热、生成新物质等)、电能以及磁能等。我们通常所说的利用风能产生电,利用太阳能提高水温,利用冰降低温度等都是对能量资源的利用。

(3)信息资源:一切可以帮助人们做出各种判断、决策的信息。例如,在森林中利用树叶的疏密等信息判定方向,中医通过"望、闻、问、切"获得的信息判断病情,西医通过各种化验所得到的信息判断病情,冶炼厂的工人根据钢水的颜色判断钢水的温度,司机可以根据汽车尾气的颜色判断发动机的状况,有经验的工人可以根据加工时飞溅的火花判断钢号和加工参数等。

(4)空间资源:系统及周围可用的闲置空间,诸如系统内、外、上、下、正、反、组件之间以及系统中未用的空间等一切可利用的空间。例如人们把平房改成高楼,利用高层建筑扩展生存空间。在日本,人们利用既定空间改变西瓜形状,种出了方形的西瓜,不仅很好地利用了空间资源,而且便于运输。

(5)时间资源:一切可以利用的空闲时间都可能成为一种可供利用的时间资源。在系统的各种流程、操作过程中,利用一些时间提供有用作用以及考虑系统运行之前、之中、之后的时间等,都是对时间资源的发现和利用。例如,利用手机未通话时间播放音乐,在运输的过程中进行加工等,都可以帮助我们发现一些可以利用的时间资源。

(6)功能资源:利用系统的已有组件,产生新的功能。例如,利用手机屏幕照亮漆黑的楼梯,铅笔可以当筷子使。

我们可以从成本和功能两方面来定义并寻找"理想的资源"。从成本上考虑,那些免费的、廉价的、足够用、无限量的属于最理想的资源,例如阳光、空气等。从功能角度考虑,那些能够带来有用作用的或减少有害作用的资源都属于理想的资源。

寻找资源的目的就是尽可能地寻找一切可以利用的资源,降低解决问题的成本,尤其是发现一些"隐性资源"并使其显性化。那些在惯性思维引导下不易被发现的资源,往往是问题得以解决的关键。有以下几种不易发现的资源:

(1)可转变(化)的资源。例如可以通过将水转变为冰,从而实现一些"水"所不能实现的功能;将空气进行压缩,运用压缩空气为汽车提供动力;将泥土烧制成砖,起到更好的支撑作用。这类资源也可称为派生资源。

(2)虚物("空"物质)资源。例如"真空"作为一种属性,一种不存在的"虚物质",具有隔热的功能。此外,"空隙""透明"等属性往往也可以成为一种可供利用的资源。

(3)免费的资源。如空气、阳光等,都有一些容易被人们忽略掉的功能。例如,利用空气的对流可以对物体进行降温,空气可以产生浮力等。

思 考 题

1. 请举例说明创造、创新、发现以及发明的概念及其关系。
2. 请举例说明功能固着的思维惯性的特点。如何能在定义某个系统或产品的功能时避免惯性思维的影响?
3. TRIZ 解决问题的思路和普通思路有何不同?
4. TRIZ 有哪些主要的工具和方法?
5. 理想解有哪几个特点?什么是理想度和 IFR?
6. 发明可以分为几个级别?划分发明级别的意义是什么?
7. 什么是资源?资源有哪些种类?请分别举例说明。
8. 请举例说明什么是可转化的资源(派生资源)。

参 考 文 献

[1] 赵锋.TRIZ 理论及应用教程[M].西安:西北工业大学出版社,2010.
[2] 赵敏,张武城,王冠殊.TRIZ 进阶及实战:大道至简的发明方法[M].北京:机械工业出版社,2016.
[3] 杜永平.创新思维与创造技法[M].北京:北京交通大学出版社,2003.
[4] 韩博.TRIZ 理论中若干概念的辨析[J].科技创新与品牌,2014(9):90-92.
[5] 葛格方.创新思维与创新技术的内在互动[D].长春:吉林大学,2007.
[6] 赵光武.思维科学研究[M].北京:中国人民大学出版社,1999.
[7] 创新方法研究会,中国 21 世纪议程管理中心.创新方法教程(初级)[M].北京:高等教育出版社,2012.
[8] 张武城.技术创新方法概论[M].北京:科学出版社,2009.

第 2 章
解决发明问题的创新思维方法

在长期的自然与社会实践中,人们已经创造和发展了很多解决发明问题的传统的创新思维方法。20世纪70年代早期,认知心理学家在研究创造性的过程中建立了衡量创造性的量化尺度:在单元时间能够产生大量创新想法的人的创造性要高于普通人。创造性强的人能够从广泛的创意中精选出高质量的创意。基于以上假设,产生了一系列增强创造性的方法,例如人们习惯使用的头脑风暴法、形态分析法、KJ法等。

TRIZ理论在发展过程中,也产生了一些特有的创新思维方法,与传统创新思维方法相比有着明显的区别。如果将传统的创新思维方法与TRIZ方法,尤其是TRIZ特有的创新性思维方法相结合使用,往往能收到更好的效果。例如,在由具体问题抽象成TRIZ的问题模型时,以及将TRIZ的解决方案模型演绎成具体解决方案时,都或多或少地需要应用头脑风暴法、形态分析法等传统创新法。因此,在学习TRIZ创新理论的同时,还应该了解和掌握常用的传统创新思维方法,力求做到TRIZ创新理论与传统创新思维方法的有机结合,以获取更好的效果。

2.1 传统的创新思维方法

2.1.1 KJ法

1. KJ法的概念及特点

KJ法是日本东京工业大学的川喜田二郎(Kauakida Jir)教授提出的一种直观的定性分析方法,KJ是他英文姓名的缩写。川喜田二郎从多年野外考察中总结出一套方法,把大量事实如实地捕捉下来,通过对这些事实进行有机的组合和归纳,发现问题的全貌,建立假说或创立新学说。后来他把这套方法与头脑风暴(Brain Storming)相结合,发展成包括"提出设想"和"整理设想"两种功能的方法,这就是KJ法。

KJ法是从很多具体信息中归纳出问题整体含义的一种分析方法,故又称信息卡片归类法。KJ法的工具是A型图解,是将收集到的资料和信息,根据它们之间的相近性进行分类综合分析的一种方法。它的基本原理是:把一个个信息做成卡片,将这些卡片摊在桌子上观察其全部,把有"亲近性"的卡片集中起来合并,依次做下去,依据信息的相关性("亲近性")逐渐合并成"小组""中组"直至"大组",然后画出问题的整体结构图,分析其含义,取得对问题的明确认识,最后求得问题整体的构成。

KJ法是一种创造性思考问题的方法。人的大脑分左、右两个半球,人类的思维行动受大脑左半球的支配,是理性的,不是创造性的;如果抑制左半球的功能,有意识地使人脑右半球活跃起来,就可以进行创造性的思考。KJ 分析法正是基于以上原理来分析解决问题的。KJ 法把人们对图形的思考功能与直觉的综合能力很好地结合起来,不需要特别的手段和知识,不论是个人或者团体都能简便地实行,因此,是分析复杂问题的一种有效的方法。

2. KJ 法的操作方法

第一步,制作卡片。首先由 4~7 人组成一个小组,其中一个人任组长,根据有关课题,由小组的每个人搜集资料,把材料的各种信息分解,并将基础要素分别写在一张张卡片上,制作成 100~300 张卡片。卡片中所列基础要素应简明、易懂,一般 20~30 个字。

第二步,将卡片分组。由组长召集会议并宣读卡片,经集体研究后,将内容相近的或同类的卡片归为一组。卡片分组完毕后,概括各组的内容,拟定分组卡片的标题,并附以"小标签"。待这一工作完成后,再将这些小卡片组重新分类,归纳为"中组",拟定"中组"卡片标题,并附上"中标签"。完成"中组"卡片分类后,如果有必要还可以继续采用上述方法对中组卡片进行分类,形成"大组"卡片。依此类推一直编下去,直至课题明朗,便于思考为止。

第三步,图解。将这些分组卡片按其属性关系合理地排列在一张图纸上,寻找其相互之间的联系,用线条把它们连接起来,并用符号表示连线的意义,如因果关系、并列关系等。这样就形成了一张概念化的综合方案。

第四步,形成分析报告。这是创造性思维阶段,其具体做法是:认真阅读各组卡片,并作补充修改,根据预先规定的顺序抽象出关键词,同时运用创新思维,提出新的设想,按其图解和内容,用流畅的文字表示出来,并撰写成分析报告。

KJ 法的一大优点在于可以整合专家学者、规划决策管理人员、普通市民等不同身份阶层、不同专业领域的意见,并且可以帮助研究者从一大堆纷繁无序的信息中整理出有序化的系统结构。特别是在规划设计的公众参与越来越广泛深入的现实背景中,有着良好的应用前景。

2.1.2 形态分析法

1. 形态分析法的概念

1943 年第二次世界大战期间,兹维基参加了美国火箭研制小组,他把数学中常用的排列组合原理应用于新技术方案的设计中,即将火箭的各个主要部件可能具有的各种形态进行了不同的组合,得到了令人惊奇的结果。他在一周之内交出了 576 种不同的火箭设计方案,这些方案几乎包括了当时所有制造火箭的可能设计方案。后来才知道,就连美国情报局挖空心思都没能得到的德国正在研制的带脉冲发动机的 V-1 型和 V-2 型巡航导弹的设计方案也在其中。于是,兹维基的方法受到人们的关注并得到推广应用。

形态分析法是一种从系统论的观点看待事物,借助形态学中的概念和原理进行系统搜索和程式化求解的创新思维方法。其特点是,首先把研究的对象或问题分为一些基本组成部分。然后,对每一个基本组成部分单独进行处理,分别提出解决问题的办法或方案。最后通过不同的组合,形成若干个解决整个问题的总体方案。为了确定各个总体方案是否可行,必须采用形态学方法进行分析。

因素和形态是运用形态分析法时要用到的两个非常重要的基本概念。所谓因素,就是指构成某种事物各种功能的特性因子;所谓形态,是指实现事物各种功能的技术手段。例如,对于一种工业产品,可将反映该产品特定用途或特定功能的性能指标作为基本因素,而将实现该产品特定用途或特定功能的技术手段作为基本形态。以"离合器"为例,可将其"传递动力"这个功能作为基本因素,那么"摩擦力""电磁结合力"等技术手段,就是该基本因素所对应的基本形态。

2. 形态分析法的操作程序

形态分析法的操作程序如下:

(1)确定研究课题。这并不是提出一个准确的、具体的设想方案。

(2)因素分析与提取。就是确定发明对象的主要组成即基本因素,把问题分解成若干个基本组成部分,它是获取创造性设想的基础。在因素分析时,要使确定的因素满足三个基本要求:首先,各因素在逻辑上彼此独立;其次,各因素在本质上是重要的;第三,各因素在数量上是全面的。如果确定的因素不满足第一、二条,就会影响最终聚合方案的质量,使数量无谓增加,为评选工作带来困难。如果不满足第三条,则会导致有价值的创造性设想的遗漏。此外,因素的数目不宜太多,也不宜太少,一般3～7个为宜。

(3)形态分析。形态分析是按照创造对象对因素所要求的功能属性,用发散思维列出各因素可能的全部技术手段,无论是本专业领域还是其他领域的。完成这一步需要有很好的知识基础和丰富的工作经验,对本行业及其他行业的各种技术手段了解得越多越好。

(4)编制形态表,进行形态组合。按照对发明对象的总体功能要求,分别将各因素的不同形态方式进行组合而获得尽可能多的方案。在聚合后的全体方案中,既包含了有意义的方案,也包含了不可能聚合成有意义的虚假方案。

(5)方案评选。聚合后的方案往往很大,要进行评选,以找出最佳方案。评选时,首先要制定评选标准,一般用新颖性、先进性和实用性三个标准进行初评;再用技术经济指标进行综合评价;最后,用收敛思维选出最优方案。

3. 形态分析法的特点

形态分析法最大的优点是对每个总体方案都要进行可行性分析,这有利于找到最佳的解决方案。形态分析法的主要缺点是使用不便,工作量大。如果一个系统由10个部件组成(因素),而每个部件又有10种不同的制造方法(形态),那么,组合的数目就会达到100。如果使用手工的方法来进行形态分析,则费时费力,极不方便。计算机可以完成这样数量级的组合,而人则无法分析数量如此巨大的信息。对大量的方案进行可行性分析往往会使发明的目标变模糊。如果采用选择性形态分析,就可忽略不恰当的组合。例如,在前述确定汽车前照灯的设计方案的例子中,可以根据车型和消费定位,去掉某些不合适的组合。

若为微型家庭轿车设计前照灯,应尽量降低成本,所以氙气灯(气体放电灯)和光感应的自动开关控制这些高档配置就不需要考虑了。

形态分析法特别适用于下列几个方面的观念创新:①新产品或新型服务模式;②新材料应用;③新的市场分割及市场用途;④开发具有竞争优势的新方法;⑤产品或服务的新颖推销技巧。

2.1.3 信息交合法

1. 信息交合法的概念

我们所处的世界,看似复杂,但其基本组成却非常简单,无非是100多种元素的排列组合。由此看来,我们可以将整个世界的任何元素、任何结构、任何时空作为自由相干、自由组合的基本素材。

信息交合论认为:不同信息的交合可以产生新的信息;不同联系的交合可以产生新的联系。信息交合法以信息交合论为基础,在掌握一定信息的基础上,利用已有的和引进的信息进行交合或联系而获得新信息,实现新创造的一种创新思维方法。

2. 信息交合法的使用

信息交合的方法包括成对列举交合法、平面坐标交合法和信息场立体交合法。

(1) 成对列举交合法。

明确创造意图后,列举出所需的各种信息,按照如图2-1所示新式家具创意的例子中的方式使所列信息一一交合,强制联想产生新的信息。这种方法可以用于定向交合,也可以用于随机交合。

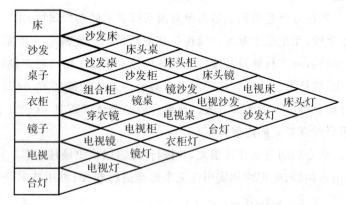

图2-1 新式家具的创意

(2) 平面坐标交合法。

平面坐标交合法,就是从两个方向列出信息元素后进行成对交合思考,如图2-2所示。这种方法利用坐标系促使人们从意义上缩小不同事物之间的差距,使原来无缘的事物建立起了联系,并演变为新事物。

平面坐标交合法的操作可按下列步骤进行:

1) 列出交合元素。所列相交元素的范围要广,不能局限在某一专业领域,应包括名词、形容词等有关产品特性的词汇及1/2左右的非商品元素和非人造元素。另外,还应加入一些新材料、新产品等以得到新颖的设想。

2) 用坐标线使横、纵两轴上的所有元素彼此相交和自身相交,得到若干个相交点。

3) 进行相交和判断,并将相交和判断的结果按照图示的标记符号画在相交点处,相交时,可以互换两个元素的位置。

解决发明问题的创新思维方法 第2章

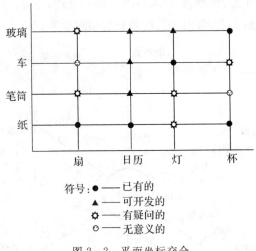

符号：●——已有的
　　　▲——可开发的
　　　✿——有疑问的
　　　○——无意义的

图 2-2　平面坐标交合

4) 从坐标图中摘取有意义的相交结果。

5) 对有意义的相交结果进行可行性分析，从中找出可行的、自己又有能力承担的项目作为近期或长期的研究课题。

(3) 信息场立体交合法。

信息场立体交合就是在确立了一个问题点以后，以此为中心分解出许多不同的各种量变坐标，而每一变量坐标又可以不断分解设置下去，然后用线线相干或面面相干的办法以寻找新的创意的创造技法。其操作步骤如下：

1) 确定立体信息场的原点。

2) 根据信息基点的需要画几条坐标线。

3) 在各信息坐标上注明有关信息。

4) 以一个坐标线上的信息为"母体"，另一个坐标线上的信息为"父体"，相交后即产生新信息。从这些信息中可以发现某些有价值的新设想。

例如，生产玩具的创意可以通过如图2-3所示的信息场立体交合得到。

同样，我们可以通过信息交合法的使用获得千万种新武器的创意，即以武器为问题点，拉出一条动物线、一条植物线、一条药物线、一条信息线、一条细菌线，使武器分别与上述各系统交合相干，从而得到千万种新式武器的创意。与一万种动物相干，可以产生一万种仿生武器的创意；与一万种植物相干，可以产生一万种植物武器的创意；与一万种药物相干，可以产生一万种药物武器的创意；与一万种信息相干，可以产生一万种信息武器的创意；与一万种细菌相干，可以产生一万种细菌武器的创意；不排除这些创意中有不少废品，但其中也必有一定量的好的创意。

3. 信息交合法的特点

信息交合法采用强制联想的思维方式，借助于多维坐标系作为信息反应场，能够促使人们在原来无缘的事物之间建立起联系，不但使人的思维在信息变幻莫测的交合中变得更富有发散性，而且使人的发散思维能按照一定的顺序推进。此法不但可以用于产品设计，也可用于生产设备的技术改造,事业开发、管理、教育及各类事物的处理,还可以作为文学创作、论文编写、思考问题、整理思路的辅助手段,常用于发明创新的初期阶段。

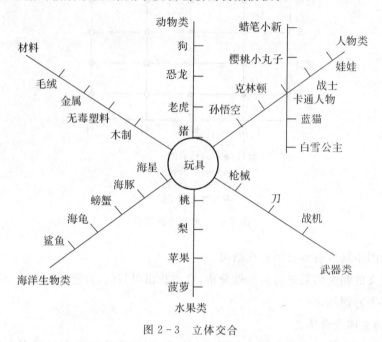

图2-3 立体交合

2.1.4 奥斯本检核表法

1.奥斯本检核表法的概念及特点

检核表法是现代创造学的奠基人奥斯本(见图2-4)创立的一种发明创造技法。检核表法是一种产生创意的方法。因为奥斯本提出的检核表思路比较清晰,内容比较齐全,在产品开发方面适用性很强,得到广泛应用,被誉为"创造技法之母"。

检核表法的基本内容是围绕一定的主题,将有可能涉及的有关方面罗列出来,设计成表格形式,逐项检查核对,并从中选择重点,深入开发创造性思维。用以罗列有关问题供检查核对用的表格即为检核表。在研究对象比较简单、需要检核的内容不甚复杂时,也可列成检核清单形式。

图2-4 亚历克斯·奥斯本

典型的检核表一般包括以下几种信息:

(1)物理属性,如形状、大小、重量、位置、速度、加速度、力(力矩)、功率、效率、温度等。

(2)功能、材料、应用、加工等的差异变化。

(3)外形、感受、式样、维修特性、组合方法、能源等特性。

(4)社会观点,如时机、花费、回收、人际调和、复杂程度等。

(5)重新规划、再组合、修改、精简细节及特性的可能性。

2. 奥斯本利用检核表的内容

奥斯本利用检核表的方法提出了很多的创意技巧,后被美国创造工程研究所从中选择9个项目进行归纳总结,编制了《新创意检核表》,这种建立在奥斯本创意检核表基础上的创造技法,被称为奥斯本检核表法。奥斯本检核表的内容共分为9大类,75个问题,具体见附录1。

奥斯本检核表中的9组问题对于任何领域创造性地解决问题都是适用的,这75个问题不是奥斯本凭空想象的,而是他在研究和总结大量近、现代科学发现、发明、创造事例的基础上归纳出来的。奥斯本检核表主要包括以下9组问题。

(1)能否他用?

现有的产品(或事物)有无其他的用途?保持不变能否扩大用途?稍加改变有无其他用途?

例如,中国汉朝发明的"被中香炉"是一个铜制的容器,里头放入火炭,置于被中,用于冬天取暖、薰香,如图2-5所示。这个神奇的铜制容器在被子里怎么翻滚,其四周的环形支架都能保证香炉呈水平放置,丝毫不用担心火炭会倾覆。这个2 000多年前的发明,若将其加以改进,则其用途与现代陀螺仪的原理是相同的。

图2-5 中国汉朝发明的"被中香炉"与现代"陀螺仪"

(2)能否借用?

能否引入其他的创造性设想?能否模仿别的东西?能否从其他领域、产品、方案中引入新的元素、材料、造型、原理、工艺、思路?现有事物的原理、方法、功能能否转移或移植到别的领域中去应用?将某一领域问题的解决方法应用到其他领域的类似问题上,或借用别的经验,进行模仿引用等。

例如,在摩托车中使用的前悬挂系统,则来源于飞机的鼻端起落架;跑车尾翼的设计是从空气动力学中飞机尾翼的概念引用而来的;根据电吹风的原理,开发出被褥烘干机。

(3)能否改变?

现有的产品(或事物)可否通过改变获得新品?典型的问题为:改变运动,改变轮廓,改变颜色,改变重量,改变形状,改变形式,改变气味,改变声音,改变种类,改变意义,改变动力,其他改变。

例如,火柴引入新设想后,开发出一系列新产品,包括防风火柴、长效火柴、磁性火柴、保险火柴等；将电炉改变成"电热毯"；将普通燃油汽车改为太阳能驱动的汽车等。

(4)能否增加(放大,扩大)？

现有产品(或事物)能否增加(放大,扩大)？现有事物可否扩大适用范围？能否添加零部件？能否增加时间、频度、强度、高度、长度、厚度、频率、速度、数量？材料能否增加？能否扩展？使用寿命可否延长？对现有事物能否稍加改造以提高其使用价值？使用价值的提高包括增加功能、延长寿命、降低成本等方面。这一思路尤其适用于老产品的改造更新。

例如，在普通牙膏中掺入药物就可创造一种具有防治口腔、牙齿疾病的药物牙膏；自行车链罩。

(5)能否减少(缩小,省略)？

现有产品(或事物)能否缩小体积？能否浓缩、微型化？能否减轻重量？能否减小尺寸？能否省略？能否分割、内装？但前提必须是保持原有功能,其结果往往是降低成本甚至增加功能。

例如，现行铁路线上的铁轨,其横截面为"工"字形；笔记本电脑就是将台式电脑缩小的产品。

(6)能否替代？

现有产品(或事物)有无替代品？能否利用其他资源、成分、材料、工艺、原理或者方法替代？使用场合能否代用？有什么可以替代？现有事物能否用其他材料作为代用品来制造？这样做的结果不仅能节约成本,而且往往能简化工艺,简便操作。

例如，我们知道黄金、钻石、珠宝等饰品非常漂亮但价格很贵,于是就有了镀金首饰及各种仿真饰品；木筷要消耗大量森林资源,可以用塑料筷子来替代；用纸代替木料做铅笔芯外围的材料；用塑料代替金属制造某些机器零件；等等。

(7)能否调整？

现有产品(或事物)能否重新调整？可否更换元件？可否对型号、设计方案、顺序、速度等进行调整？可否调整布局、连接方式？可否交换组件？可否调换因果？现有事物的程序能否更改变化？这个问题主要用于打破习惯性思维造成的恶性循环。

例如，生产和生活中有不少同步现象引起一定的社会问题,企业、机关同时上下班给交通、能源都带来很大压力,从能否更换的思路出发,采取错开上下班时间和轮休的办法,就能解决大问题。

(8)能否颠倒？

现有产品(或事物)可否颠倒？借助对现有设计的操纵、配置或者动作进行反向操作,看可否变换正负？可否反转角色？可否反转类型？可否反转顺序？可否颠倒方位？可否改变前后？现有事物的原理、功能、工艺能否颠倒过来？这个问题主要用来引导逆向思维。这些问题对创造性思维有时会起到画龙点睛的作用。

例如，人类根据电对磁的效应发明了电动机,反之,又根据磁对电的效应发明了发电机。

(9)能否组合？

现有的产品(或事物)可否组合？可否进行原理组合？可否进行功能组合？可否进行目标组合？可否进行材料组合？可否进行方法组合？可否进行元件组合？可否混合、搭配、合成？

混合品、成套东西能否统一协调？目的、主张、创造设想能否综合？现有的若干种事物或事物的若干部分能否组合起来,使之成为功能更大的新成果？这一思路追求的是整体化效应和综合效果。

例如,坦克就是攻击性武器(大炮)、防御性设施(堡垒)和运载工具(机动车)三者的组合；复合材料是多种材料的组合；现代传真机则组合了传真、电话、复印等功能。

3. 奥斯本检核表法的特点

奥斯本检核表可以使人们学会从多角度、多渠道、多侧面看问题,突破各种框框的约束,使思维进入新的领域。其特点主要体现在以下几个方面：

首先,检核思考是一种强制性思考,有利于突破不愿提问的心理障碍。一个人能不能提出问题,与其对问题的思考有关,而检核表可以引导我们强制思考。检核表这种有序的自问自答显然比随机地胡思乱想要规范,目的性更强。只有提出自己的疑问,才能够发现前人的不足、现有事物的不足,才能够提出自己的新观点,也才有可能创新。

其次,检核思考是一种多角度发散性思考,广思之后再深思和精思是创造性思考的规律。检核表可以用多条提示引导我们去发散思考,从9个角度考虑问题,可以在一定程度上帮助我们克服广思障碍,有助于确定哪些问题对于解答方法起主要作用,哪些是次要问题,从中选其一两条集中思考,这样更有利于产生创新的构想。

再次,检核表法可以使发明创造者集中精力朝提示的目标和方向思考。检核表法将一个人必须做的事情具体化,并且不会忽略掉某些重要的东西,避免漏失重要的属性,使其不需要把各种问题都时刻铭记在心,可以集中精力进行创造性思考。

如何进行检核思考是利用检核表法进行发明创造的核心,运用检核思考时应注意以下几点：

第一,检核对象的分析是检核创造的基础,通过分析产品的功能、性能、市场环境、产品的现状和发展趋势、消费者的愿望、同类产品的竞争情况等,做到心中有数,避免闭门造车式的检核思考。

第二,将每一条检核项目视为单独的一种创造技法,并按照创造性思考方式进行广思和深思。

第三,结合其他创造技法使用。

第四,要对设想进行可行性检核,尽可能检核思考出有价值的新构思。

2.1.5 5W2H法

1. 5W2H法的概念及特点

5W2H法是由第二次世界大战中美国陆军兵器修理部首创的。5W2H法简单、方便,易于理解、使用,富有启发意义,广泛用于企业管理和技术创新活动,对于决策和执行性的活动措施也非常有帮助,也有助于弥补考虑问题的疏漏。

5W2H法从7个方面进行设问以得到创造方案的方法,这7个方面的问题如下：

Who——谁？(由谁来承担？谁来完成？谁负责？)

When——何时？(什么时间完成？什么时机最适宜？)

Where——何处？（在哪里做？从哪里入手？）
What——做什么？（目的是什么？做什么工作？）
Why——为什么？（为什么要这么做？理由何在？原因是什么？）
How to——怎么做？（如何提高效率？如何实施？方法怎样？）
How much——多少？（做到什么程度？数量如何？质量水平如何？费用产出如何？）

取7个英文单词的首字母缩写5W2H作为技法的名称，即为5W2H法。5W2H法的特点是抓住问题发展的7个基本要素进行思考，通过强制性的提问促使人们进行创造性思考，并力图获得某种新的解决办法。

2. 5W2H法的应用方法和步骤

(1)确定实施5W2H法的对象。

5W2H法适合所有问题的求解，尤其适用于技术革新和合理化建议等方面的创造性思考。

(2)按5W2H的7要素逐个分析。

对以上7个方面的提问——审核，将发现的难点、疑问列出来，使创造性的问题更明确。

1)为什么(Why)?

为什么采用这个技术参数？为什么不能有响声？为什么停用？为什么变成红色？为什么要做成这个形状？为什么采用机器代替人力？为什么产品的制造要经过这么多的环节？为什么非做不可？

2)做什么(What)?

条件是什么？哪一部分工作要做？目的是什么？重点是什么？与什么有关系？功能是什么？规范是什么？工作对象是什么？

3)谁(Who)?

谁来办最方便？谁会生产？谁可以办？谁是顾客？谁被忽略了？谁是决策人？谁会受益？

4)何时(When)?

何时要完成？何时安装？何时销售？何时是最佳营业时间？何时工作人员容易疲劳？何时产量最高？何时完成最为适宜？需要几天才算合理？

5)何地(Where)?

何地最适宜某物生长？何处生产最经济？从何处买？还有什么地方可以作为销售点？安装在什么地方最合适？何地有资源？

6)怎样(How to)?

怎样做省力？怎样做最快？怎样做效率最高？怎样改进？怎样得到？怎样避免失败？怎样求发展？怎样增加销路？怎样达到效率？怎样才能使产品更加美观大方？怎样使产品用起来方便？

7)多少(How much)?

功能指标达到多少？销售多少？成本多少？输出功率多少？效率多高？尺寸多少？重量多少？

(3)提出疑问、发现原因。

提出能引发创意的疑问,发现其中的因果关系,从而悟出解决问题的新点子或新方案。

(4)寻找改进措施或新设想。

5W2H法中的7要素已经包括任何一个事物所需的要素,如果现行的做法或产品经过7个问题的审核已无懈可击,便可认为这一做法或产品可取。如果7个问题中有一个答复不能令人满意,则表示这方面有改进余地,要据此进行改进或提出新构想。如果哪方面的答复有独创的优点,则可以扩大产品这方面的效用。

2.1.6 头脑风暴法

1. 头脑风暴法的概念及基本原则

头脑风暴法(Brain Storming)简称BS法,又名智力激励法、脑轰法、畅谈会法等,发明者是美国创造学家亚历克斯·奥斯本,他也是本书提到的奥斯本检核表法的发明人。

"头脑风暴"的概念源于医学,原指精神病患者头脑中短时间出现的思维紊乱现象,称为脑猝变。病人发生脑猝变时会产生大量各种各样的胡乱想法。创造学中借用这个概念比喻思维高度活跃、打破常规的思维方式而产生大量创造性设想的状况。

头脑风暴法是运用群体创造原理,通过召开智力激励会的形式,充分发挥集体创造力来解决问题的一种创新思维方法。其中心思想是,激发每个人的直觉、灵感和想象力,让大家在和睦、融洽的气氛中自由思考。不论什么想法,都可以原原本本地讲出来,不必顾虑这个想法是否"荒唐可笑"。

头脑风暴法规定了4项基本原则。

(1)自由思考原则。要求与会者尽可能地解放思想,无拘无束地思考问题,不必介意自己的想法是否荒唐可笑,不允许用集体提出的意见来阻碍个人的创造性思维。

(2)延迟评判原则。会议期间绝对不允许批评别人提出的设想,任何人不能做判断性的结论。等大家畅谈结束后,再组织有关人士来分析。美国心理学家经过试验后发现:采用延迟评判,在集体思考问题时可多产生70%的新设想,在个人思考问题时可多产生90%的新设想。

(3)以量求质原则。参加会议人员不分上下级,平等相待;提出的设想越多越好,各类设想不分好坏,一律记录下来,以大量的设想来保证质量较高设想的存在。

(4)结合改善原则。与会者要仔细倾听别人的发言,注意在他人启发下及时修正自己不完善的设想或将自己的想法与他人的想法加以综合,再提出更完善的创意或方案。

2. 头脑风暴法的运用方法与步骤

(1)会前准备。根据要解决的问题,选择会议主持人,确定设想的议题,确定参加会议的人员。

1)确定会议主持人。

智力激励会开的效果如何与主持人有很大的关系,所以应选好主持人。主持人一般应具备以下4个条件:

第一,熟悉智力激励法的基本原理与召开智力激励会的程序与方法,有一定的组织能力。

第二,对所要解决的问题有比较明确的理解,以便在会议中作启发诱导。

第三,能坚持智力激励会规定的原则,以充分发挥激励作用机制。

第四,能灵活地处理会议中出现的各种情况,以保证会议按规定程序进行到底。

2)确定会议主题。

根据要解决的问题,由问题提出者与主持人共同分析研究来确定本次智力激励会的议题。确定议题时,必须把握好两条,一是议题要集中,不得分散;二是议题明确,不许含糊。遇到较为复杂和重大的技术创造问题,要视其复杂程度,结构层次或组成部分,酌情分解为若干专门议题,通过多次互激设想活动逐个解决。议题越专门化,互激思考就越能深入、越具体。最好是解决比较单一的问题。

3)确定参会的人员。

a. 与会人数。与会人数要合理,一般以5~15人为宜。人数过少会造成知识面过窄,难以达到知识互补;人数过多,使思维的目标分散,无法保证与会者充分发表设想。情绪的激昂或者消沉都会影响人的思维活动,直接关系到思考和设想的质量和效率。

b. 人员的专业构成。参与智力互激人员的专业构成要合理,应根据议题内容确定,要有代表性,要保证与会者大多数对议题熟悉,适当吸收外行参加,突破专业思考的约束。参加互激设想的人员,代表性愈强,设想到的问题就愈周全。

c. 人员的知识水准。同一次激励会,尽量注意与会人员知识水准的同一性,即学历、资历、级别、职称等尽量一致。

d. 尽量吸收有实践经验的人参加。

4)确定举行互激设想活动的地点和日期。

为了提高会议的效果,使与会人员思想上有所准备,提前酝酿解决问题的设想。应该给与会人员提前下达书面通知,写明会议内容及背景、开会时间和地点等。

(2)热身活动。准备工作安排就绪后,届时即可召集参加智力激会的人员进入会场。为了激发创造性思考的气氛,使与会者把精力集中到会议上来,可安排一些热身活动。热身活动的形式可多样化,可以通过看有关创造的录像、回答脑筋急转弯问题、讲一个创造技法灵活运用的小故事等形式,使大家的思维活跃起来。

(3)明确问题。主持人首先向与会者说明会议必须遵守的四项基本原则,该原则最好事先写成大标题,贴在显眼的地方。然后简明扼要、带有启发性地向大家介绍有关问题的最低数量信息,使与会者对所要解决的问题有明确的全面了解。介绍不要过多,更不要把自己的初步设想和盘托出,以免形成限制框架。主持人以启发为原则,诱导与会者提出自己的创意,并在会议出现停滞时及时引导。

(4)自由畅谈。在遵守会议规定的四项原则的前提下,所有人员都要始终针对议题,精心思考,大胆设想,自由发言,造成一种高度激励的气氛,使与会者突破思维障碍和心理约束,达到知识互补、信息刺激、情绪鼓励。会议时间不宜过长或太短,一般掌握在20分钟到1个小时之间。

(5)加工整理。这是对智力激励会所得各种创意或设想的优选阶段。通过对提出的所有设想进行分析、研究、评价和选择,筛选出可行设想,进一步完善后,作为解决问题的方法、答案、措施或方案。具体方法可遵循实用性原则、创造性原则、科学性原则、现实可能性原则对发明创造问题进行分析、评价和选择。

2.2 TRIZ 理论中的创新思维方法

在 TRIZ 理论中，发散思维并不完全等同于胡思乱想，那样思考的效率是很低的。下面将介绍 TRIZ 中常用的几种创新思维方法。这些创新思维方法一方面能够有效地打破思维定式，扩展我们的创新思维能力，同时又提供了科学的问题分析方法，保证我们按照合理的途径寻求问题的创新性解决办法。

2.2.1 最终理想解

1. 最终理想解的概念及意义

产品或技术按照市场需求、行业发展、超系统变化等，随着时间的变化无时无刻都处于进化之中，进化的过程就是产品由低级向高级演化的过程。如果将产品或技术作为一个整体，从历史曲线和进化方向来看，尽管在产品进化的某个阶段，不同产品进化的方向各异，但任何产品或技术的低成本、高功能、高可靠性、无污染等都是研发者追求的理想状态，产品或技术处于理想状态的解决方案可称之为最终理想解（IFR）。在 TRIZ 理论中，最终理想解是指系统在最小程度改变的情况下能够实现最大程度的自服务（自我实现、自我传递、自我控制等）。

应用 TRIZ 理论解决问题之始，要求使用者先抛开各种客观限制条件，针对问题情境，设立各种理想化模型，可以是理想系统、理想过程、理想资源、理想方法、理想机器、理想物质。通过定义问题的最终理想解，以明确理想解所在的方向和位置，保证在问题解决过程中沿着此目标前进并获得最终理想解，从而避免了传统创新设计和解决问题时缺乏目标的弊端，提升解决问题的效率。

TRIZ 理论创始人阿奇舒勒对最终理想解做出了这样的比喻："可以把最终理想解比作绳子，登山运动员只有抓住它才能沿着陡峭的山坡向上爬，绳子自身不会向上拉他，但是可以为其提供支撑，不让他滑下去，只要松开，肯定会掉下去。"可以说，最终理想解是 TRIZ 理论解决问题的"导航仪"，是众多 TRIZ 工具的"灯塔"。

在具体的应用过程中，最终理想解能够发挥以下作用：①明确解决问题的方向。最终理想解的提出为解决问题确定了系统应当达到的目标，然后通过 TRIZ 中的其他工具来实现最终理想解。②能够克服思维惯性，帮助使用者跳出已有的技术系统，在更高的系统层级上思考解决问题的方案。③能够提高解决问题的效率。最终理想解形成的解决方案可能距离所需结果更近一些。④在解题伊始就激化矛盾，打破框架、突破边界、解放思想，寻求更睿智的解。

2. 最终理想解的特点

根据阿奇舒勒的描述，最终理想解应当具备四个特点，衡量系统是否达到最终理想解，可以从以下 4 个方面进行判断：

(1) 保持了原系统的主要功能和优点。

在解决问题的过程中不能因为解决现有问题而使原系统的优点得到抹杀，原系统的优点通常是指低成本、能够完成主要功能、低消耗、高度兼容等。

(2)消除了原系统的缺陷。

在解决问题的过程中能够有效避免原系统存在的问题、不足和缺点,没有消除系统不足的不能称之为最终理想解。

(3)系统没有变得更复杂。

面对技术问题时,可能有成百上千的方案可以解决该技术问题,如果使得原有的系统更加复杂可能带来更多的次生问题,如成本的上升、子系统之间协调难度的增加、系统可靠性的降低等,那么不能称之为最终理想解。而 TRIZ 理论的重要思想是应用最少的资源、最低的成本解决问题。

(4)没有引入新的缺陷,或者新的缺陷很容易解决。

解决问题的方法如果引入了新的缺陷,需要再进一步解决新的缺陷,得不偿失。

总之,如果解决方案能够满足上述四个特点,可称之为最终理想解。

3. 最终理想解的确定方法

定义最终理想解通常有六步法和引入 X 元素两种方式来确定。

(1)应用六步法定义最终理想解。

第一步:设计的最终目的是什么?

第二步:最终理想解是什么?

第三步:达到理想解的障碍是什么?

第四步:出现这种障碍的结果是什么?

第五步:不出现这种障碍的条件是什么?

第六步:创造这些条件存在的可用资源是什么?

(2)引入"X"元素定义最终理想解。

假设存在"X"元素,它能够很好地帮助解决问题,也就是"X"元素能够彻底消除矛盾,同时不影响有用功能的实现,也不会产生有害因素或使系统变得更加复杂。"X"元素不一定代表系统或超系统的某个实质性组成部分,但可以是一些改变、修改,或系统的变异,或是完全未知的东西,如系统元素或环境的温度变化或相变。

4. 在应用最终理想解的过程中需要注意的问题

一是对最终理想解的描述。阿奇舒勒在多本著作中提出,最终理想解的描述必须加入"自己""自身"等词语,也就是说,需要达到的目的、目标、功能等在不需要外力、不借助超系统资源的情况下完成,是一种最大程度的自服务(自我实现、自我传递、自我控制等)。此种描述方法有利于工程师打破思维惯性,准确定义最终理想解,使解决问题沿着正确的方向进行。

二是最终理想解并非是"最终的",根据实际问题和资源的限制,最终理想解有最理想、理想、次理想等多个层次,当面对不同的问题时,根据实际需要进行选择。如在 2.4"案例 6"中,对于合金抗腐蚀能力的测试问题,最理想的状态是没有测量的过程,就能够知道抗腐蚀能力;理想状态是在不采用贵金属、不需更换容器的前提下准确测量出合金的抗腐蚀能力;次理想是在不经常更换容器的条件下准确测试出合金抗腐蚀能力。在不同的理想状态下所采取的策略有所不同。

三是应用最终理想解的过程是一个双向思维的过程,从问题到最终理想解,从最终理想解到问题,对于"最理想"的最终理想解可能达不到,但是这是目标,通过达到次理想的最终理想解、理想的最终理想解的方式最终达到最理想的最终理想解。

2.2.2 九屏幕法

1. 九屏幕法的概念及特点

九屏幕法,又叫多屏幕法,是 TRIZ 理论中非常独特而有效的一种创新思维方法,是一种系统性思维的方法;同时,它也是寻找和利用资源,解决工程问题的一种有效的工具,具有很好的操作性和实用性。

九屏幕法是一种思考问题的方法,是指在分析和解决问题的时候,不仅要考虑当前的系统,还要考虑它的超系统和子系统,不仅要考虑当前系统的过去和将来,还要考虑超系统和子系统的过去和将来。

根据系统的定义(关于系统的定义,请参见第 3 章 3.1 节),系统由多个子系统组成,并通过子系统间的相互作用实现一定的功能。系统之外的高层次系统称为超系统,系统之内的低层次系统称为子系统。我们所要研究的、当前正在发生问题的系统,通常称作"当前系统"或称为"系统",图 2-6 所示为九屏幕法中"九屏幕"的一般形式。

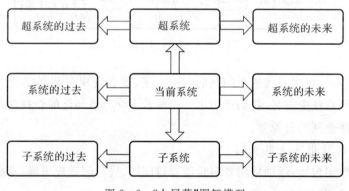

图 2-6 "九屏幕"图解模型

当前系统是一个相对的概念。如果以轮胎作为"当前系统"来研究的话,那么轮胎中的橡胶、子午线、充气嘴等就是轮胎的子系统,而汽车、驾驶员、空气、道路、交通系统等就都是汽车的超系统。

考虑"当前系统的过去"是指考虑发生当前问题之前该系统的状况,包括系统之前运行的状况、其生命周期的各阶段情况等,考虑如何利用过去的各种资源来防止此问题的发生,以及如何改变过去的状况来防止问题发生或减少当前问题的有害作用。

考虑"当前系统的未来"是指考虑发生当前问题之后该系统可能的状况,考虑如何利用以后的各种资源,以及如何改变以后的状况来防止问题发生或减少当前问题的有害作用。

当前系统的"超系统"元素,可以是各种物质、技术系统、自然因素、人与能量流等。人们通过分析如何利用超系统的元素及组合,来解决当前系统存在的问题。

当前系统的"子系统"元素,同样可以是各种物质、技术系统、自然因素、人与能量流等。人们通过分析如何利用子系统的元素及组合,来解决当前系统存在的问题。

当前系统的"超系统的过去"和"超系统的未来"是指分析发生问题之前和之后超系统的状况,并分析如何利用和改变这些状况来防止或减弱问题的有害作用。

当前系统的"子系统的过去"和"子系统的将来"是指分析发生问题之前和之后子系统的状况,并分析如何利用和改变这些状况来防止或减弱问题的有害作用。

以汽车为例,来说明当前系统、子系统、超系统的组成与彼此之间的关系。如果把汽车作为一个当前系统,那么轮胎、发动机和方向盘都是汽车的子系统。因为每辆汽车都是整个交通系统的一个组成部分,交通系统就是汽车的一个超系统。当然,大气、车库等也是汽车的超系统,如图2-7所示。

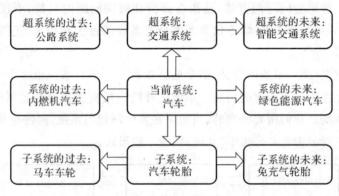

图2-7 汽车系统的九屏幕法分析

进行这些分析后,再来寻找这个问题的解决方案,就会发现一系列完全不同的观点:新的任务定义取代了原有任务定义,我们产生了一个或若干个考虑问题的新视角,发现了系统内更多的之前没有被注意到的资源等。

2.九屏幕法的作用及运用步骤

九屏幕法的作用包括:帮助使用者多角度看待问题,进行超常规思维,克服思维惯性;多个方面和层次寻找可利用的资源,更好地解决问题。

九屏幕思维方式其实是一种分析问题的手段,而并非是一种解决问题的手段。它体现了如何更好地理解问题的一种思维方式,也确定了解决问题的某个新途径。另外,各个屏幕显示的信息,并不一定都能引出解决问题的新方法。如果实在找不出好的办法,可以暂时先空着它。但不管怎么说,每个屏幕对于问题的总体把握,肯定是有所帮助的。练习九屏幕思维方式,可以锻炼人们的创造力,也可以提高人们在系统水平上解决问题的能力。

使用九屏幕法的步骤如下:

第一步:先从技术系统本身出发,考虑可利用的资源。

第二步:考虑技术系统中的子系统和系统所在的超系统中的资源。

第三步:考虑系统的过去和未来,从中寻找可利用的资源。

第四步:考虑超系统和子系统的过去和未来。

2.2.3 小人法

小人法又称小人模型法,是指当系统内的某些组件不能完成其必要的功能,并表现出相互矛盾的作用时,用一组小人来代表这些不能完成特定功能部件,通过能动的小人,实现预期的功能,然后根据小人模型对结构进行重新设计。小人法的实质是使解题的人成为问题整体的一部分,并从这一立场和观点去思考、行动。小人法的目的是克服思维惯性导致的思维障碍,提供解决矛盾问题的思路。

小人法借用美国创造学家威廉·戈登在综摄类比法中的亲身类比方法,即要求解决课题的人作为角色(类似于一群小人)"进入"所要改进的对象(物体),"亲身"去解决问题。亲身类比法的优点是把人看成某种机器(或机器的一部分)的同时,能自愿选择人能接受的东西,从而较快地构思出解法。但是必须去掉人本身不能接受的东西,如切割(人切割了就无法活)、碎化、溶解等。在构思解法时,人本身不会去应用那些破坏自己身心健康的事或物。为了克服该缺点,小人法把物体以很多(一群)小人的形式表现出来(使用小人法的常见错误是画一个或几个小人)。阿奇舒勒把这些事实转化成方法,并给它起了一个名字:小人模型法,简称小人法。图2-8所示为阿奇舒勒向学生讲解小人法的情景。

图2-8 阿奇舒勒在讲解"小人法"

一群"小人"会完成我们想象的任何任务,能够积极工作,类似于象棋棋子或者漫画中的人物。"小人"比任何印在纸张上的符号,如字母、逗号、句号、括号更生动和感性化,在必要的时候可以很平静地擦掉,用新的符号来代替。当系统内的部分物体不能完成必要的功能和任务时,就用多个小人分别代表这些物体。而不同小人表示执行不同的功能或具有不同的矛盾。重新组合这些小人,使它们能够发挥作用,执行必要的功能。于是,在解法创意时就克服了亲身类比法的缺点。

在一些创造性解决问题的方法中,有很多都是基于小人法的。如德国著名的化学家凯库勒分析出苯的分子结构,就是源于猴子抓住笼子的金属条,同时前后爪子交互抓住形成环状的一个有趣场景。而在麦克斯韦思维实验中,需要从一个含有气体的容器中,把高能气体部分传送到另一个容器中。麦克斯韦极富创意地想用一个带有"小门"的管子把两个容器连接起来,在高能快速气体来临时把"魔力门"打开,而在低速气体来临时把门关闭。

应用小人法的步骤:

第一步:在物体中划分出不能完成的、非兼容的、必要的部分,并将对象中这些部分想象成一群一群的小人。

第二步:把小人分成按问题的条件而行动的组,通过该步骤描绘出现有和曾经有过的情况。

第三步:研究得到的问题模型(有小人的图)并对其进行改造,使模型符合所需要的理想功能,使原始的矛盾都得以消除。通过该步骤描绘出理想情况。

第四步:转向实际应用的技术解释和寻求实施手段,从而过渡到技术解决方案。

2.2.4 金鱼法

金鱼法又叫情境幻想分析法,是从幻想式解决构想中区分现实和幻想的部分。然后再从解决构想的幻想部分分出现实与幻想两部分。这样的划分要不断地反复进行,直到确定问题的解决构想能够实现时为止。采用金鱼法,有助于将幻想式的解决构想转变成切实可行的构想。

金鱼法的解题原理:假设有一种可以幻想的初始情境,我们思考一下,此情境中哪个部分是现实的?也许这个部分原本不是幻想的。

"幻想情境1"－"现实部分1"="幻想情境2"

得到了剩余的幻想部分——幻想情境2,幻想情境2中还有没有能现实的部分?

"幻想情境2"－"现实部分2"="幻想情境3"

得到了幻想情境3,那么一直往下推论,直到找不出现实的东西为止。这样就可以集中精力解决幻想部分,只要这个幻想部分解决,整个问题也就迎刃而解。金鱼法是一个反复迭代的分解过程。金鱼法的本质,是将幻想的、不现实的问题求解构想,变为可行的解决方案。

应用金鱼法的步骤如下:

第一步:将问题分为现实和幻想两部分。

第二步:提出问题1——幻想部分为什么不现实。

第三步:提出问题2——在什么条件下,幻想部分可变为现实。

第四步:列出子系统、系统、超系统的可利用资源。

第五步:从可利用资源出发,提出可能的构想方案。

第六步:如果方案不现实,再次回到第一步,直至方案可行。

2.2.5 STC算子法

STC算子法就是对一个系统通过对其自身不同特性单独考虑,来进行创新思维的方法。S是Size(尺寸)的缩写,T是Time(时间)的缩写,C是Cost(成本)的缩写。尺寸(S)-时间(T)-成本(C)算子是将尺寸、时间和成本因素进行一系列变化的思维试验,字面的意思是单独考虑尺寸、时间、成本的一个因素,而不考虑其他两个因素。引申的意思就是一个产品由诸多因素组成,单一考虑相应因素,而不是统一考虑。

STC算子法的目的是克服由于思维惯性的障碍,迅速发现对研究对象最初认识的不准确和误差,从而重新认识研究对象。STC算子不是为了获取问题的答案,而是为了解放思路,为下一步寻找解决方案做准备。用STC算子思考后,可以发现系统中的技术矛盾或物理矛盾。STC算子法是克服思维定式、改善思维方式的一种很好的工具。

STC算子法的分析过程包括以下步骤:

第一步:明确研究对象现有的尺寸、时间和成本。

第二步:想象对象的尺寸无穷大($S\to\infty$),无穷小($S\to 0$)。

第三步:想象过程的时间或对象运动的速度无穷大($T\to\infty$),无穷小($T\to 0$)。

第四步:想象成本(允许的支出)无穷大($C\to\infty$),无穷小($C\to 0$)。

在使用STC算子法的过程中应注意的是:每个想象实验要分步递增、递减进行,直到物体新的特性出现;不可以还没有完成所有想象实验,担心系统变得复杂而提前中止;使用成效取决于主观想象力、问题特点等情况;不要在实验过程中尝试猜测问题的最终答案。

2.2.6 RTC算子

从物体的资源(Resource)、时间(Time)和成本(Cost)三个方面,重新思考问题,以打破固有对相关资源、时间等的认识,称为RTC算子。与STC算子一样,RTC算子的作用并不是直接给我们提供解决问题的方案,而是帮助我们找出解决问题的新思路。

资源是指在创新过程中,可供问题解决者自由选择创新尺度的一个空间,在这个空间里,人们同时放大物体三个维度的尺度直到无穷大,或缩小物体的三个维度的尺度直到无穷小。如果这样还不能使物体的特性发生明显变化,就先固定一个维度的大小,而改变其他两个维度的大小,直到满意为止。时间是指逐步增加或减少物体完成功能过程的长短。成本是指增加或减少物体本身功能所需的成本,以及物体完成主要功能所需辅助操作的成本。

RTC算子的操作,主要包括以下六个维度的思维尝试:

(1)设想逐渐增大物体的尺度,使之自动超过真实物体的尺度,直至无穷大。

(2)设想逐渐缩小物体的尺度,使之自动小于真实物体的尺度,直至无穷小。

(3)设想逐渐增加物体作用的时间,使之自动超过真实物体作用的时间,直至无穷大。

(4)设想逐渐减少物体作用的时间,使之自动少于真实物体作用的时间,直至为零。一般将物体完成有用功能所需要的时间,理解为"时间"算子所指的时间。

(5)设想增加物体的成本,使之自动超过现有物体的成本,直至无穷高的成本。

(6)设想减少物体的成本,使之自动少于现有物体的成本,直至成本为零。"成本"算子通常被理解为,不仅包括物体本身的成本,也包括物体完成主要功能所需各项辅助操作的成本。

应用RTC算子,需遵循下述原则:

(1)不得改变初始问题。

(2)上述六个过程需要全部进行,直至获得一种变化了的新特性。每个过程需要分阶段进行。在每个阶段,必须多次改变物体的参数,来观察和分析每一次改变所引起的物体特性变化。

(3)必须完成各参数所有阶段的变更,不能因为中间找到了一个答案就停止,直到最后都要不断地反复比较。

(4)可将物体分成几个单独的子部分,也可组合几个相似物体来进行分析。

2.3 TRIZ 的创新思维方法与传统创新思维方法的比较

传统的创新思维方法基本上都是以心理机制为基础的,这些思维方式的重点是强调从不同角度思维,克服心理惯性对创造思维的约束和抑制,进行发散思维,产生不止一个可供选择的新概念。它们的程序、步骤、措施大都是为人们克服发明创新的心理障碍而设计的。

传统的创新思维方法撇开了各领域的基本知识,方法上高度概括与抽象,因此具有形式化的倾向。这些倾向于形式化的传统创新方法,在运用中受到使用者经验、技巧和知识积累水平的制约。单独使用这些传统的创新思维方法曾经收到过较好的发明创新效果。这些传统的创新思维方法往往要求使用者具有较高的技巧、比较丰富的经验和较大的知识积累量,因此,使用这些方法进行发明创造的效率普遍不高。特别是当遇到一些较难且复杂的问题时,仅仅依赖"灵机一动"已很难解决问题了。尤其是在人们对某些问题仍未找到理想的方案时,想只凭经验找到解决方案已显得极为困难。

基于心理学的传统的创造思维方法有助于开拓人的思维,有助于创造性想象并产生新概念,已经被广泛应用于不同的领域。但是,这些方法主要是由认知科学、心理学和人文科学家研究和提出,是面向一般创造性的思维方法。在应用于技术系统和产品创新设计时,缺乏系统性和良好的操作性,效率比较低。也有的学者指出,解决各种发明问题时面对的主要困难不是产生大量的想法,而是提出一个独创新颖的构思,大量平庸的想象不能必然导致一个独创的想法。此外,大量平庸想法会阻碍创造性的发挥。而且,在想法的数量和质量之间看上去也缺乏关联性。

TRIZ 的发散思维与一般的发散思维有着明显的区别。基于 TRIZ 的发散思维,在遵循客观规律的基础上,引导沿着一定的维度来进行发散思考。例如,从系统层面上发散,TRIZ 有"超系统、系统、子系统"三个层面;从时间上发散,有三个系统层面的"过去、现在、将来"的三种时态;在宏观到微观之间往复发散,我们可以在尺寸、成本、资源等多个维度上,从零到无穷大来进行发散思考;还可以有抽取异想天开想法中有效成分的"金鱼法",有化整为零的"小人法"等。而这些所给出的发散维度,可以有效地帮助我们的思绪在快速发散的同时进行快速的收敛,不至于让我们的思绪成为"脱缰的野马"。

基于 TRIZ 的发散思维,有效地避免了在发散思考的过程中结果过于散乱无序、难以收敛到有效解集的缺点,有助于我们快速跳出思维定式的圈子,及早"偏离"固定思维模式的方向,并且具有"新的眼光"。当然,我们必须使发散的思维与自然界的客观规律有机地结合起来,因为跳出思维定式的圈子,并不意味着放弃自然界的客观规律。

2.4 创新思维法综合应用案例

案例1 KJ 法在企业管理中的应用

日本某公司通信科科长偶尔直接或间接地听到科员对通信工作中的一些问题发牢骚,他想要听取科员的意见和要求,但因倒班的人员多,工作繁忙,不大可能召开座谈会。因此,该科长决定用 KJ 法找到科员不满的方案。

第一步,他注意听科员间的谈话,并把有关工作中问题的片言只语分别记到卡片上,每个卡片记一条。例如:
- 有时没有电报用纸。
- 有时未交接遗留工作。
- 如果将电传机换个地方……
- 接收机的声音嘈杂。
- 查找资料太麻烦。
- 改变一下夜班值班人员的组合如何?
- 打字机台的滑动不良。

第二步,将这些卡片中同类内容的卡片编成组。例如:
- 其他公司有的已经给接收机安上了罩。
- 因为接收机的声音嘈杂,所以如果将电传机换个地方……
- 有人捂着一只耳朵打电话。

上面的卡片组暗示要求本公司"给接收机安上罩"。从下面的卡片组中可以了解到要求制定更简单明了的交接班方法。
- 在某号收纳盒内尚有未处理的收报稿。
- 将加急发报稿误作普通报稿纸处理。
- 接班时自以为清楚了,可是过后又糊涂了,为了做出处理,有时还得打电话再次询问。

第三步,将各组卡片暗示出来的对策加以归纳集中,就能进一步抓住更潜在的关键性问题。例如,因为每个季节业务高峰的时间区域都不一样,所以弄明白了需要修改倒班制度,或者是根据季节业务高峰的时间区域改变交接班时间,或者是考虑电车客流量高峰的时间确定交接班时间。

科长拟定了一系列具体措施,又进一步征求乐于改进的科员的意见,再次做了修改之后,最后提出具体改进措施加以试行,结果科员们皆大欢喜。

需要说明的是,本例没有严格按照 KJ 法的程序进行。创新技法在现场实际应用时,往往不是一成不变地按程序进行。

案例 2   KJ 法在生态环境综合治理中的应用

艾比湖位于新疆北部,是新疆最大的咸水湖。该流域是新疆天山北坡经济带的重要组成部分,近年来经济发展较快,人口和农业用水快速增加,导致入湖水量锐减,加上位于阿拉山口主风道,致使它成为西北地区最大的风沙策源地。

为了整合不同研究领域,以便得到对于整个系统的综合集成研究成果,研究采用了 KJ 法。针对生态学、水土保持与荒漠化防治、土地资源管理、地理信息工程等不同专业的 30 位研究人员和专家进行了调查,其意见经过初步整理后形成 59 张卡片(见表 2-1)。

表 2-1 与艾比湖流域生态环境治理问题有关的卡片信息

编号	内容	编号	内容	编号	内容
1	阿拉山风口的下风向	21	农牧业损失巨大	41	治理荒漠化面积 66 km²
2	浅水盐湖	22	注入艾比湖的河流流量锐减	42	湖水增加到 1 500 km²
3	全球性的气候变暖	23	严重制约经济发展	43	天山北坡生态环境显著改善
4	开发大西北	24	裸露的干涸湖底	44	改进作物灌溉制度
5	草场沙化、碱化	25	艾比湖湿地规划	45	淘金挖沙
6	312 国道 3 次改道	26	绿色天然屏障	46	过度樵采
7	流沙埋压亚欧大陆桥铁路	27	提高全民生态环境保护知识	47	农业发展、灌溉用水量大
8	流域水土资源统一管理	28	改造配套灌区工程	48	危害无穷的撒盐场
9	水资源浪费严重、利用率低	29	开发湖周矿物资源	49	阻滞风沙
10	大规模垦荒	30	开发水能、风能、太阳能	50	限制建设高耗水工业项目
11	修建水库、增加调蓄能力	31	荒漠植被衰败	51	保障生态环境用水
12	湖面水位下降	32	生物多样性降低	52	发展人工草地置换天然草场
13	沙尘暴策源地	33	实施跨流域调水	53	恢复湖滨湿地
14	湖水面积逐年缩小	34	艾比湖主风道治理工程	54	运用 3S 技术
15	周边地区地下水位下降	35	加强用水管理、科学调配水量	55	流域水质控制与保护
16	周边地区荒漠化加快	36	植树种草工程	56	保障地区经济发展
17	危害居民生活、健康	37	固定流动沙丘 10 km²	57	工业内部循环用水,提高水的重复利用率
18	推广先进灌水技术、加强田间节水	38	改造工业设备和生产工艺、实现节水	58	加强市政管网建设,减少跑、冒、滴、漏等现象
19	普及节水型器具	39	调整水费政策、建立节水有偿机制	59	支持公众参与决策,特别要提高妇女在水资源规划中的作用
20	河流水情预报	40	增加生物多样性		

编组阶段,基于相近的信息内容,59张卡片最终被编入5个大组:生态环境恶化的自然原因、人为驱动力、恶化的表现、治理措施、治理目标。图解阶段,组与组之间,次组与次组之间的关系,用箭头符号标示出来(见图2-9)。

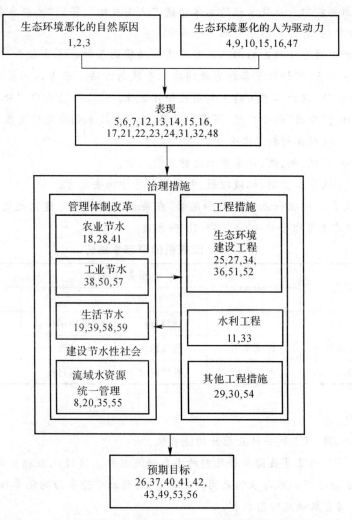

图2-9 艾比湖流域生态环境综合治理的结构模型图(唐海萍,2007)

研究结果表明,艾比湖流域生态恶化是由于自然变化再加上人为过度垦荒和灌溉,导致入湖水量减少、流域内植被破坏。此外,由于艾比湖地处阿拉山风口的下风向,大风使裸露的湖底及周边沙尘和盐尘飞扬,成为西北最大的风沙策源地和撒盐场。通过层层分析得到的综合治理措施主要有两大方面:一方面在体制改善上,加强水资源统一管理,建设节水型社会。通过改造灌溉的工程、技术、制度等实现农业节水;通过普及节水器具、调节水费、提高市政管网效率、发挥妇女作用等实现生活节水;通过加强水情预报、水量调配、水质控制与保护等实现流域水资源统一管理。另一方面是辅以必要的工程措施,如修建水库和跨流域调水等水利工程;进行湿地规划、主风道治理、植树种草、发展人工草地、保障生态环境用水、提高全民生态环保意识等生态环境建设工程;开发风能、水能、太阳能,运用3S系统建立监测管理体系等其他工程措施。

案例 3　运用形态分析法进行新型单缸洗衣机的创意

(1) 因素分析与提取。从洗衣机的总体功能"洗涤衣物",得到"盛装衣物""分离脏物"和"控制洗涤"等分功能,作为形态分析的3个因素。

(2) 形态分析。对应分功能的形态是实现这些功能的各种技术手段和方法。为列举功能形态,应进行信息检索,密切注意各种有效的技术手段与方法。在考虑利用新的方法时,可能还要进行必要的试验,以验证方法的可利用性和可靠性。在3个功能中,"分离脏物"是最关键的功能因素,要针对"分离"两字广思、深思和精思,从多个技术领域进行发散思维。

盛装衣物——从桶体材料上去分析。

分离脏物——从机、电、热、声等方面进行发散思维。

控制洗涤——从手工控制、机械控制、电脑控制等方面去思考。

(3) 编制形态表。经过一系列分析和思考,在条件成熟时即可建立起洗衣机形态学矩阵(见表2-2)。理论上可组合出 $4×4×3=48$ 种方案。

表 2-2　洗衣机的形态学矩阵

因素(分功能)		形态(功能解)			
		1	2	3	4
A	盛装衣物	铝桶	塑料桶	玻璃钢桶	陶瓷桶
B	分离脏物	机械摩擦	电磁振荡	热胀	超声波
C	控制洗涤	人工手控	机械定时	电脑自控	

(4) 方案评选。

方案1:A1—B1—C1是一种最原始的洗衣机。

方案2:A1—B1—C2是最简单普及型的半自动洗衣机。通过洗衣桶底部的波轮旋转,使水产生涡流,在衣物之间和水与衣物之间产生摩擦,再借助于洗衣粉的化学作用达到洗净衣物的目的。洗涤时间靠机械定时器控制。

方案3:A1—B1—C3是全自动洗衣机,洗涤原理与方案2一样,但控制洗涤时间、漂洗时间、甩干时间及三个功能之间旋转都由电脑自动控制。

方案4:A1—B4—C2是超声波洗衣机,利用超声波的性质使衣物纤维产生振动,使衣物纤维产生摩擦,超声波还会使水温有所提高,再借助于洗衣粉的化学作用达到洗净衣物的目的。

方案5~48……(略)

通过上述逐个方案的分析,用收敛思维并可挑选出少数方案进行进一步的研究,最终选出一个可行方案进行详细的技术经济分析,设计出基本原理图,并进行具体细节的设计,进而开发出新型单缸洗衣机。

案例 4　运用形态分析法进行汽车前照灯的创意

(1) 因素分析与提取。汽车前照灯对汽车的外观造型、安全等具有重要影响。根据汽车前照灯的主要功能,将前置灯的外形、光源类型、散光玻璃类型、控制方式等作为形态分析的3个因素。

(2)形态分析。对汽车前照灯现有技术和资料进行收集,对各种有效的技术手段与方法,尤其是最新技术进行分析和整理。对当前以及未来可能流行的前照灯外形、光源、材质以及控制方式进行分析和预测。

(3)编制形态表。经过一系列分析和思考,建立汽车前照灯形态学矩阵(见表2-3)。理论上可组合出 $4×3×2×3=72$ 种方案。

表2-3 汽车前照灯形态分析表

因素(分功能)		形态(功能解)			
		1	2	3	4
A	前照灯外形	矩形	椭圆形	柳叶形	鹰眼仿生形
B	前照灯光源	卤素灯泡	氙气灯	LED	
C	外壳材质	有机玻璃	聚碳酸酯		
D	控制方式	手控开关	光感应	语音控制	

(4)方案评选。根据表2-3,进行各种可能性组合,得到 $4×3×2×3=72$ 种设计方案。然后,考虑生产成本、重量、可靠性与耐久性、消费者的认可度等,对这些方案分别进行分析对比,从中可选出最优的方案。

案例5 应用奥斯本检核表法寻找杯子和保温瓶的设计创意灵感

以改进杯子和保温瓶的设计为例,应用奥斯本检核表法进行创造性的设想。其检核的结果见表2-4和表2-5。

表2-4 检核表法改进杯子设计

序号	检核问题	创新思路	创新产品
1	能否他用	用于保健	磁化杯、消毒杯、含微量元素的杯子
2	能否借用	借助电照技术	智能杯——会说话、会做简单提示
3	能否改变	颜色变化,形状变化	变色杯——随温度而能变色
			仿形杯——按个人爱好特制
4	能否扩大	加厚、加大	双层杯——可放两种饮料
			安全杯——底部加厚不易倒
5	能否缩小	微型化、方便化	迷你观赏杯,可折叠便携杯
6	能否替代	材料替代	以钢、铜、石、竹、木、玉、纸、布、骨等材料制作
7	能否调整	调整其尺寸比例工艺流程	新潮另类杯
8	能否颠倒	倒置不漏水	旅行杯——随身携带不易漏水
9	能否组合	将容量器具、炊具、保鲜等功能组合	多功能杯

表 2-5　开发新型保温瓶的奥斯本检核表

序号	检核项目	新设想概述	开发新品名称
1	能否他用	利用热气对人体进行理疗，可预防感冒、止痛等	保健理疗瓶
2	能否借用	借用电热壶原理制成电加热保温瓶	电热式保温瓶
3	能否改变	设计不同的颜色、图片和外壳形状	个性化热水瓶
4	能否扩大	瓶盖分两层，上（或下）层放茶叶	新型瓶盖
5	能否缩小	开发多种形状保温杯，如学生用保温杯、中药保温杯、旅游保温杯	新型保温杯
6	能否替代	不锈钢瓶胆代替玻璃瓶胆，使瓶胆一体化	不锈钢瓶胆
7	能否调整	调整保温瓶的线形组织与比例尺寸，开发艺术形态保温瓶	新潮保温瓶
8	能否颠倒	旋转式支架，保温瓶口朝下倒水	倒置式保温瓶
9	能否组合	保温瓶与花瓶、空气负离子发生器组合成一体	多功能保温瓶

案例 6　应用最终理想解解决酸液对容器腐蚀的问题

在实验室里，实验者在研究热酸对多种金属的腐蚀作用，他们将大约 20 种金属的实验块摆放在容器底部，然后泼上酸液，关上容器的门并开始加热。实验持续约 2 周后，打开容器，取出实验块在显微镜下观察表面的腐蚀程度。由于试验时间较长，强酸对容器的腐蚀较大，容器损坏率非常高，需要经常更换，为了使容器不易被腐蚀就必须采取惰性较强的材料，如铂金、黄金等贵金属，但这造成实验成本的上升。（曹福全，2009）

应用最终理想解解决该问题步骤如下：

(1) 设计的最终目的是什么？

在准确测试合金抗腐蚀能力的同时，不用经常更换盛放酸液的容器。

(2) 最终理想解是什么？

合金能够自己测试抗酸腐蚀性能。

(3) 达到最终理想解的障碍是什么？

合金对容器腐蚀，同时不能自己测试抗酸腐蚀性能。

(4) 出现这种障碍的结果是什么？

需要经常更换测试容器，或者选择贵金属作为测试容器。

(5) 不出现这种障碍的条件是什么？

有一种廉价的耐腐蚀物体代替现有容器起到盛放酸液的功能。

(6) 创造这些条件时可用的已有资源是什么？

合金本身就是可用资源，可以把合金做成容器，测试酸液对容器的腐蚀。

最终解决方法是将合金做成盛放强酸的容器，在实现测试抗腐蚀能力的同时，减少了成本。

案例7 农场中兔子喂养问题的解决

农场主有一大片农场,放养大量的兔子,兔子需要吃到新鲜的青草,但农场主不想兔子走得太远,也不愿意割草运回来喂兔子。分析并提出该问题的最终理想解。

(1)设计的目的是什么?——兔子能随时吃到青草。

(2)理想解是什么?——兔子永远自己吃到青草。

(3)达到理想解的障碍是什么?——为防止兔子走得太远而照看不到,农场主用笼子圈养兔子,这样放兔子的笼子不能移动。

(4)出现这种障碍的结果是什么?——由于笼子不能移动,而笼子下面的空间有限,所以兔子不能自己持续地吃到青草。

(5)不出现这种障碍的结果是什么?——当兔子吃光笼子下面的草时,笼子移动到另一块有草的地方,可用资源是兔子。

解决方案:给笼子装上轮子,兔子自己推着轮子去寻找青草。

案例8 运用九屏幕法测量毒蛇的长度

玻璃容器内有一条毒蛇,现在需要测量它的长度。我们可以使用普通的工具——用适当的钩子抓住它,然后在助手的帮助下,顺着标尺将毒蛇拉直测量。这就是我们立刻想到的解决方案。但是,根据系统思维方式的多屏幕方法,可以找出哪些其他方法呢?

屏幕"过去":

(1)在测量之前毒蛇在做什么呢?它在爬行、休息和吃东西。

(2)以什么方式可以利用毒蛇的某个时刻(动作)来安全测量毒蛇而又不被毒蛇咬伤呢?

解决方案1:

毒蛇被喂食的时刻可以加以利用。因为这时有食物在蛇的嘴里,所以它的注意力都集中在吞食它的受害者身上。这时候似乎不大可能被毒蛇咬伤。我们可以利用这个时刻测量蛇的长度吗?

屏幕"未来":

(1)测量后毒蛇会做什么呢?它会和先前一样做着相同的事情:它在爬行、休息和吃东西。因此,让我们来把视野放得更远一些——冬季。在这个季节蛇是冬眠的,并且会蜕皮。

(2)以什么方式可以利用这种时刻来测量蛇的长度呢?

解决方案2:

如果蛇在冬季冬眠,那么就可以模拟这段时间的外界条件。这需要将玻璃容器内的空气降温。其结果是蛇变得比较温顺,且不再具有危险性。

解决方案3:

如果我们等待蛇蜕皮以后,看上去是不是会更有效呢?在这种情况下,我们可以测量蛇皮而不会有任何危险后果。

屏幕"子系统":

子系统的组成元素:蛇的身体。有可能利用蛇的身体来测量其长度吗?看来没有合理的解决方案。

屏幕"高级子系统":

高级子系统的组成元素:玻璃制的容器、树枝和空气。以何种方式可以利用这些组成元素来测量蛇的长度呢?

解决方案4:

让我们来研究一下玻璃容器的玻璃。一方面,它可以防止我们被蛇咬伤;另一方面,它可以保证对蛇进行良好的观察。有可能让蛇在玻璃容器内上下爬动,从而使我们利用这段时间来测量蛇的长度。

案例9　运用小人法解决水计量器失效的问题

如图2-10所示的一种水计量器,当水量到达计量值时,由于重力作用,左端下沉,排出计量水量。现在的问题是:在没有完全排空计量器中的水的情况下,计量水槽重心右移,右端下沉,导致剩余的水无法完全排出,计量失效。

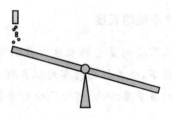

图2-10　水计量器示意图

利用小人法对问题进行分析:

系统的组成部分:水、计量水槽。

用小人表示各组成部分:用白色小人表示水,用黑色小人表示水槽重心,如图2-11所示。出现问题时的状况如图2-12所示。

图　2-11　　　　　　　　　　图　2-12

考虑调整小人位置,得到期望的结果。白色小人要全部跳下去,考虑跷跷板的原理,在排水的过程中,黑色小人向跷跷板中心位置移动(见图2-13),排水结束后,黑色小人回到原始位置(见图2-14)。

根据小人图示,考虑实际的技术方案。

获得最终方案:可变重心的计量水槽,如图2-15所示。

解决发明问题的创新思维方法 第2章

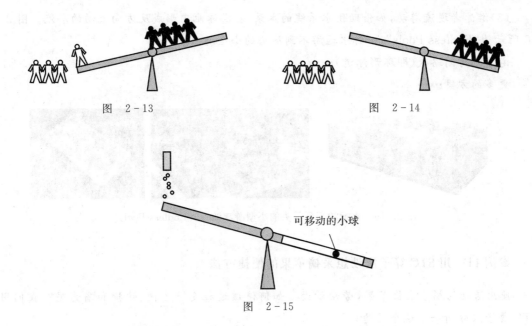

图 2-13

图 2-14

图 2-15

案例10　运用金鱼法解决游泳池太小的问题

游泳运动员在训练过程中,要使训练有效,需要一个大型的游泳池,运动员可进行长距离游泳训练。但同时,游泳池的占地面积和造价就会相应地增加。用小型和造价低廉的游泳池怎样满足相同的要求?

利用金鱼法的解决方法如下:

第一步:将问题分为现实和幻想两部分。

现实部分:小型、造价低廉的游泳池。

幻想部分:在小型游泳池内实现单方向、长距离游泳训练。

第二步:提出问题1——幻想部分为什么不现实?

回答:运动员在小型游泳池内很快就能游到对岸,需要改变方向。

第三步:提出问题2——在什么情况下,幻想部分可变为现实?

回答:以下三种情况下幻想部分可变为现实,即运动员体型极小;运动员游速极慢;运动员游动时停留在同一位置,止步不前。

第四步:列出所有可利用资源。

超系统:包括天花板、墙壁、空气、游泳池的供水系统和排水系统。

系统:包括泳池的面积、泳池的体积、泳池的形状。

子系统:包括泳池底、泳池壁、水。

第五步:利用已有资源,基于之前的构想(第三步)考虑可能的方案,包括以下几方面:

(1)将运动员固定在游泳池的一侧或池底。

(2)水的摩擦阻力极大,如在游泳池内灌注黏性液体,从而降低游泳者游动速度,增加负荷使其不能向前游动。

(3)游泳者逆流游动,如借助供水系统的水泵,在游泳池内形成反方向流动的水流。图 2-16 所示为"Endless Pools",一种永远游不到尽头的小型游泳池。

游泳池为闭路式(即环形泳道)……

更多的方案……

图 2-16 永远游不到尽头的小型游泳池——Endless Pools

案例 11 用 STC 算子法设想采摘苹果的便捷方法

使用活动的梯子采摘苹果,劳动量大。如何使该过程变得方便、快捷和省力呢?我们用 STC 算子法分析一下这个问题。

从尺寸、时间和成本三个角度来考虑问题。事实上,这三个角度为我们的思考提供了一种思维的坐标系,使问题变得容易解决。这一坐标系具有普遍意义,可以在其他很多问题的解决中灵活运用。

如图 2-17 所示,在这种思维的坐标轴系统中,我们可以沿着尺寸、时间、成本三个方向来做六个维度的发散思维尝试。

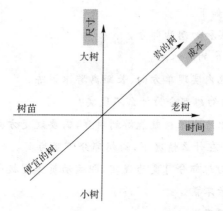

图 2-17 按"尺寸-时间-成本"坐标显示的苹果树

(1)假设苹果树的尺寸趋于零高度。在这种情况下,不需要活动梯子。那么,第一种解决方案,就是种植低矮的苹果树。

(2)假设苹果树的尺寸趋于无穷高。在折中情况下,我们可以建造通向苹果树顶部的道路和桥梁。将这种方法转移到常规尺寸的苹果树上,就可以得出一个解决方案:将苹果树的树冠变成可以用来摸到苹果的形状,比如带有梯子的形状。这样,梯子形的树冠就可以代替活动梯子,让人们方便地采摘苹果。

(3)假设收获的成本费用必须是不花钱,即花费的钱为零。那么,最廉价的收获方法就是摇晃苹果树。

(4)如果收获的成本费用可以允许为无穷大,而没有任何限制,就可以使用昂贵的设备来完成这个任务。这种情况下的解决方案,就是发明一台带有电子视觉系统和机械手控制器的智能型摘果机。

(5)如果要求收获的时间趋于零,即必须使所有的苹果在同一个时间落地。这是可以做到的,例如,我们可以借助于轻微爆破或者压缩空气喷射。

(6)假设收获时间是不受限制的。在这种情况下,不必去采摘苹果,而是任由其自由掉落而保持完好无损即可。为此,只需在果树下放置一层软膜,以防止苹果落下时摔伤就可以了。当然,也可以在果树下铺设草坪或松散土层。如果让果园的地面具有一定的倾斜角度,足以使苹果在落地时滚动,则苹果还会在斜坡的末端自动地集中起来。

思 考 题

1. 请简述KJ法的特点及其操作方法。冬天,高压电线上常被积雪及覆冰压断,试运用KJ法思考如何解决这一难题。

2. 请简述形态分析法的特点及操作方法。并请运用形态分析法对任一熟悉的产品进行创新性改良。

3. 请运用信息交合法尽可能多地列举出曲别针的各种用途。

4. 请简要阐述奥斯本检核表法的概念及特点。运用奥斯本检核表法对手电筒进行创新性设计。

5. 运用头脑风暴时应遵循哪些基本原则?

6. 最终理想解有何意义?如何定义一个发明问题的最终理想解?在应用最终理想解的过程中需要注意哪些问题?

7. 请简要阐述九屏幕法的概念及特点。请绘制一般情况下的"九屏幕"图解模型。请通过九屏幕法对"手机键盘"进行分析,并据此预测"手机键盘"未来发展模式。

8. 小人法的特点是什么?普通茶杯无法阻止茶叶进入口中,请尝试运用小人法解决这一问题,并对普通茶杯提出改良设计。

9. 请简述TRIZ的创新思维方法与传统创新思维方法的区别。

参 考 文 献

[1] 何名申.创新思维技巧训练[M].北京:民主与建设出版社,2002.
[2] 赵锋.TRIZ理论及应用教程[M].西安:西北工业大学出版社,2010.
[3] 唐海萍,等.基于KJ法的艾比湖流域生态环境综合治理研究[J].干旱区地理,2007(5):337-342.
[4] 曹福全.创新思维与方法概论[M].哈尔滨:黑龙江高等教育出版社,2009.

第3章

发明问题的描述与分析

经典 TRIZ 理论是建立在世界范围内的专利分析基础上而产生的,是一种定性的理论,而非数学理论或定量理论,缺乏对已有技术系统进行有效的问题识别与分析的工具。以俄罗斯系统工程师索伯列夫(Sobolev)为代表的 TRIZ 理论研究者基于价值工程的功能分析方法,提出了基于组件的功能分析方法,实现了对已有技术系统的功能建模。通过对已有技术系统进行分解,得到"正常功能""不足功能""过剩功能"和"有害功能",以帮助工程师更详细地理解技术系统中部件之间的相互作用。其目的是优化技术系统功能,简化技术系统结构,对系统进行较少的改变就能解决技术系统的问题,并最终实现技术系统理想度的提升。基于组件的功能分析作为 TRIZ 识别问题与分析问题的工具引入,极大地丰富了 TRIZ 的知识体系。

从某种程度上来讲,分析问题比直接解决问题更加重要。系统功能分析与因果链分析、裁剪、功能导向搜索等,不仅是 TRIZ 理论中非常重要的发明问题描述和分析工具,也是在世界许多著名企业中应用最为广泛、最为有效的发明问题解决工具之一。即使在利用经典的 TRIZ 工具解决问题的时候,如果能用功能的语言来对发明问题进行描述和分析,也会使解决问题的过程有效简化。

3.1 技术系统

3.1.1 技术系统的定义

在绝大多数发明创造活动中,首要的任务就是解决技术系统中存在的各种难题。技术系统是 TRIZ 理论和方法中一个重要的基础概念。TRIZ 理论中所有的原理、法则、模型、矛盾、进化、理想度等内容都是围绕技术系统展开的。

不同的系统实现不同的功能,作为一类特殊的系统,与自然系统(如生态系统、天体系统等)相比,技术系统是一种"人造"系统,而且能为人类提供某种技术属性的功能。

技术系统是由具有相互联系的组件与组件之间的相互作用(运作)所组成的,以实现某种功能或职能的事物的集合。技术系统存在的目的是实现某种(些)特定的功能,而这种(些)功能的实现是通过一系列组件的集合实现的。

组件是指组成工程技术系统或者超系统的一个部分,是由"物质"或者"场"组成的一个物体,如汽车发动机属于汽车系统的组件。在基于组件的 TRIZ 功能分析中,物质是指拥有净质量的物体,而场是没有净质量的物体,但是场可以传递物质之间的相互作用。

我们通常可以把一辆汽车、一本书、一个公司等看作是一个技术系统。需要指出的是，技术系统中各组件有各自的特征，而它们的组合具有与系统组件不同的特征。例如，手机由键盘、机身、电池、芯片、显示屏等组成，具有无线通话的功能，而这些零部件中的任何一个都不具有这个特征。

TRIZ基本理论体系中提到的解决矛盾、求解"物-场"的标准解、分析资源、实现理想化、预测进化结果等，都是以技术系统为基础来实现的。因为解决矛盾，就是解决技术系统中的矛盾；求解物质-场的标准解，就是求解最小且可控的技术系统；分析资源，就是分析技术系统内部和外部的资源；实现理想化，就是实现技术系统的理想化；预测进化结果，就是预测技术系统的进化结果。可以说，TRIZ的一切功能与作用，都是围绕技术系统展开的。以下如果不特别说明，所说的系统都是指技术系统。

3.1.2 子系统和超系统

一个技术系统可以具有多个组成部分（如手机的键盘、机身、电池、芯片、显示屏等）以实现多种不同的细分功能。我们把这些更细化的、可以实现各种更加基本的功能的组成部分，称为技术系统的子系统（Subsystem）。子系统是技术系统的组成部分。任何技术系统均包括一个或多个子系统，每个子系统执行自身的功能，它也可分为更小的系统。子系统可以再进一步细分，直到质子、分子、电子与原子的微观层次。所有的子系统均在更高系统中相互连接，任何子系统的改变都将会影响到更高系统，当解决技术问题时，常常要考虑其与子系统和更高系统之间的相互作用。

超系统（Super System）是指技术系统之外的系统，是不属于系统本身但是与技术系统及其组件有一定相关性的系统。超系统往往表述的是技术系统所隶属的外部环境。例如，汽车在行驶过程中需要驾驶员的操作，需要道路的支撑，同时也会受到空气阻力的影响，驾驶员、道路、空气等则是汽车系统的超系统。我们也把技术系统之外的系统或者系统的组成部分定义为技术系统的超系统。有时站在超系统的角度看待问题，会让问题变得更容易理解和更容易被解决。

一般来说，典型的超系统组件有以下几个方面：

(1) 生产阶段——设备、原料、生产场地等。
(2) 使用阶段——功能对象（产品）、消费者、能量源、与对象相互作用的其他系统。
(3) 储存和运输阶段——交通手段、包装、仓库、储存手段等。
(4) 与技术系统作用的外界——空气、水、灰尘、热场、重力场等。

由于超系统不属于已有的技术系统本身，因此无法对超系统进行改变，这是由超系统本身的特性所决定的。

(1) 超系统不能裁剪或改变。
(2) 超系统可能对技术系统产生影响。
(3) 超系统可以作为技术系统的资源来利用，即可以作为解决问题的工具。
(4) 一般只考虑对技术系统产生影响的超系统。

技术系统、子系统及超系统之间的关系如图3-1所示。

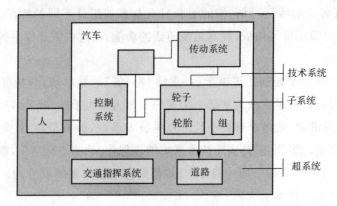

图3-1 技术系统、子系统及超系统之间的关系

需要特别指出的是，技术系统的级别是相对的。例如，当研究对象是一辆车时，其功能是"移动人或物"，车就是一个技术系统。如果研究对象是一个车轮，其功能是"支撑以及移动车架"，此时则将车轮看作一个技术系统。因此，工程系统的级别和范围（边界）是根据研究的目的确定的。

3.2 功能分析

3.2.1 功能分析及其目的

19世纪40年代，美国通用电气公司的工程师Miles在寻求石棉板替代材料的研究过程中，通过对石棉板的功能进行分析，发现其用途仅仅是避免涂料玷污地板引起火灾。Miles认为，只要能够找到某种价格更便宜同时具有良好防火性能的材料，就可以用其取代石棉板。后来，Miles在市场上找到一种防火纸，这种防火纸同样可以起到防火作用，成本很低且货源稳定。1947年，Miles提出了功能分析、功能定义、功能评价以及如何区分"必要"和"不必要"功能并消除不必要功能的方法，最后形成了以最小成本提供必要功能，获得较大价值的科学方法——价值工程（Value Engineering，VE）。

Miles首先明确地把"功能"作为价值工程研究的核心问题。他认为"顾客购买的不是产品本身，而是产品所具有的功能"。因此，功能思想的提出极大地促进了产品创新过程。

在价值工程中，Miles将"功能"定义为"起作用的特性"。他认为，一个技术系统可通过以最小成本提供必要功能来实现技术系统价值的最大化，即价值（V）＝功能（F）/成本（C）。凡是满足使用者需求的任何一种属性都属于功能的范畴。满足使用者现实需求的属性就是功能，而满足使用者潜在需求的属性也是功能。另外，也有学者认为"功能是对象满足某种需求的一种属性""功能是向顾客表明产品在使用过程中的物质运动形态""功能是事物或方法所发挥的有利作用"等。由此可见，功能是一个抽象概念，功能在物理上并不存在，也没有物理属性。

系统功能分析简称功能分析,是从技术系统抽象的"功能"角度来分析系统,分析系统执行或完成其功能的状况,是一个对系统功能建模的过程,分析的结果是建立功能模型。功能分析是 TRIZ 理论解决发明问题的基础。功能分析的目的主要有 6 个方面:

(1) 明确研究对象的功能。功能分析的最主要目的就是要搞清发明事物所应具有的全部功能,进而确定必要功能,发现不必要功能和过剩功能,弥补不足功能,去掉不合理功能。

(2) 为创造方案提供依据。有了明确的各级功能目标,可以为方案的创造或发明设想指明具体方向。发明者必须具有"顾客购买的不是产品本身,而是产品所具有的功能"的清醒认识。

(3) 充分掌握各项功能之间的相互关系。功能分析的另一个重要作用就是要充分明确和掌握发明对象中内含的各项功能之间的逻辑关系,功能之间的相互影响。

(4) 扩大方案创造的设计思路。不以结构要素为思考点,而是从事物所应具有的功能为思考点。以功能分析为核心进行方案的设计,能有效地拓宽思路,构思出价值更高、效果更好的方案来。

(5) 寻找更多的解决问题的资源,充分利用系统中现有的资源。

(6) 以最少的成本,获得最大的价值。

3.2.2 功能的直觉表达和本质表达

在惯性思维的引导下,人们对功能的表达往往存在两种常见的错误。一种错误是,只表面化地对系统的作用进行陈述性表达。例如,将牙刷的功能定义为"刷牙",将洗衣机的功能定义为"洗衣服"等。另一种错误是将功能的结果作为功能定义。例如,将电风扇的功能定义为"凉爽身体",将放大镜的功能定义为"放大目标物",将电吹风机的功能定义为"吹干头发",等等。

以上两种错误的功能表达方式,其共同点是对系统功能的一种表面的、直觉化的定义,而非对功能本质的定义,往往会带来错误的导向,不利于后续的功能分析。

在 TRIZ 理论中,功能的表达采用本质表达和二元(或多元)表达。在直觉表达中,我们认为电吹风机是功能载体,湿头发是功能对象,自然就认为电吹风机的功能是"吹干头发";而从二元(或多元)表达方式看,电吹风机的功能是"加热空气并使空气流动","(热风)加热(头发上的)水"使水挥发。因此,本质表达方式应该是"(热风)蒸发水"。放大镜、眼镜等光学产品的本质功能是"折射光线",而不是直觉结果的"放大物体"或"看清物体"。表 3-1 举例说明了这两种表达的区别。

表 3-1 功能的直觉表达和本质表达(成思源,2014)

技术系统	直觉表达	本质表达
电吹风机	(热风)吹干头发	(热风)加热(头发上的)水
风扇	凉爽身体	移动空气
放大镜	放大物体	折射光线
白炽灯	照亮房间	发光
汽车挡风玻璃	保护司机	阻止(车外)物体(的撞击)
二极管	整流电流	阻断某极性电流

3.2.3 功能定义

1. 基于组件的功能定义

为了实现功能定义的规范化,避免工程技术人员在功能定义过程中受到惯性思维的影响,TRIZ 理论中提出了基于组件的功能的形式化定义,即某组件(或子系统,功能载体)"改变"或者"保持"另外一个组件(或子系统,功能对象)的某个"参数"的行为,即为该组件的功能。如图 3-2 所示。

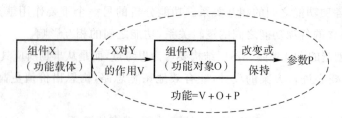

图 3-2 基于组件的功能定义(VOP 功能模型)

TRIZ 理论基于组件的功能定义描述了系统或组件是用来做什么的,可采用"X 改变(或保持)Y 的参数 P"的通用表达方式,这里 X 是指提供功能的组件,即功能载体(Function Carrier),它必须是物质、场或"物质-场"的组合,可以是技术系统的组件,也可以是技术系统的子系统或超系统。Y 是指功能对象,P 是指功能对象的某个参数,功能载体对功能对象的作用结果就是参数 P 发生了改变(或保持不变)。参数 P 发生改变是功能载体 X 对功能对象 Y 的作用结果。

例如牙刷的刷毛 X 对牙齿上黏附的牙垢 Y 实施机械力的作用,使得牙垢从牙齿表面剥离,则牙垢的位置参数 P 发生了改变;参数 P 保持不变则指的是功能对象 Y 的某个参数 P 在功能载体 X 的作用下保持不变,例如机床夹具 X 对被加工工件 Y 实行定位与夹紧,使得加工过程中由于夹具提供的夹紧力作用保持工件位置 P 不会发生改变。

因此,基于组件的功能定义中,一个功能如果存在,必须具备三个条件且缺一不可。我们称这三个条件为功能定义三要素:

(1)功能载体 X 和功能对象 Y 都是组件(物质、场或物-场组合)。

(2)功能载体 X 与功能对象 Y 之间必须发生相互作用。

(3)相互作用产生的结果是功能对象 Y 的参数 P 发生改变或者保持不变。

另外,在一个技术系统中,某一组件可能既是功能载体,又是功能对象,即该组件作为功能载体对其他组件产生某种功能,作为功能对象则接受其他组件的作用,如图 3-3 所示。

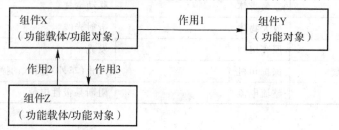

图 3-3 功能载体与功能对象间的关系

一方面,基于组件的功能定义的三要素可以作为我们判断功能定义是否准确的标准。例如,我们直觉认为船舶螺旋桨的功能是"驱动船舶(前进)",事实上这种定义方式违反了功能定义三要素原则,在螺旋桨和船舶之间并没有直接的相互作用,那么"驱动"这个动词显然不适合用于表达螺旋桨的功能(可以用来表达螺旋桨马达的功能,如"马达驱动螺旋桨")。那么什么动词可以比较准确地表达功能载体对功能对象的作用呢?按照功能定义三要素中"功能载体X与功能对象Z之间必须发生相互作用"的约束,显然与螺旋桨直接接触的组件是超系统组件——水。螺旋桨接受船舶动力源提供的动力而旋转,从而实现"移动水"的功能。因此,按照"功能定义的三要素"进行判定的话,螺旋桨的功能应该是"移动水"。

另一方面,基于组件的功能定义的三要素也可以帮助我们确定功能的主体和客体,即正确寻找功能载体X和功能对象Y。例如,当我们用温度计测量体温时,谁是功能载体(主体)X和功能对象(客体)Y呢?显然不能说:温度计测量体温。因为温度计没有对温度施加作用,或者说温度计并不能"改变"体温。在测量体温的过程中,变化的参数是"温度",而温度之所以发生"改变",是由于人的身体"加热"了温度计产生的。因此,在温度计测量体温这一系统中,功能载体(主体)X和功能对象(客体)Y分别为"身体"和"温度计",其组件功能模型(VOP模型)为:身体加热温度计。

2. 功能的分类
(1)有用功能和有害功能。

根据TRIZ理论中基于组件的功能定义,功能的结果就是参数改变是沿着期望的方向变化或者背离了期望的方向。因此,TRIZ理论中,将功能分为有用功能和有害功能。

有用功能是指功能载体对功能对象的作用沿着期望的方向改变功能对象的参数,这种期望是"改善",是设计者和用户希望的功能。

有害功能是功能载体提供的功能不是按照期望的方向对功能对象的参数进行"改善",而是"恶化"了该参数。

例如,我们使用牙刷的目的是希望通过刷毛、牙膏和牙齿的摩擦作用,去除黏附在牙齿表面的牙垢,"去除牙垢"是牙刷(刷毛)的有用功能。但同时,在刷牙的过程中,刷毛可能也会和牙龈发生摩擦,导致牙龈出血或损伤牙龈的现象发生,这是我们不希望见到的,违背了设计使用牙刷的初衷,因此"损伤牙龈"是牙刷(刷毛)的有害功能。

需要注意的是,组件在系统中的功能的"有用"或"有害"是主观的。如果该功能的结果是我们期望的,就是有用功能,反之就是有害功能。例如,头盔的功能,如果从头盔使用者的角度来看,头盔"阻止子弹"的功能是一个有用功能。但是如果从射击者的角度来看,头盔"阻止子弹"的功能就是一个有害功能。因此,有用功能和有害功能的判断需要根据项目的目标具体判断,不能一概而论。

有用功能按照它的性能水平来分,又可以分为"正常的功能""不足的功能"以及"过度的功能"三类。如果一个有用功能的结果与我们的期望值相符,则称这个有用功能是正常的功能;如果一个功能所达到的结果低于我们的期望值,则称这个有用功能是不足的功能;而如果一个功能所达到的结果高于我们的期望值,甚至带来了负面影响,则称这个有用功能是过度的功能。

例如,"榔头钉钉子"这样一个简单的技术系统中,对于同样大小的一根钉子,如果我们用一把大小合适的榔头,那么这把榔头提供的功能就是正常的功能。如果我们找来一把比钉子还小的小榔头,那么这把榔头提供的功能就是不足的功能,因为很难把钉子钉进去。如果我们找来一把特别大的榔头(例如八磅锤),那么这把榔头提供的功能就有可能是过度的功能。在以上三种情况中,尽管榔头提供的都是有用功能,但结果却不尽相同。再如,根据眼镜的度数,其所提供的功能可分为充分的功能(度数合适)、不足的功能(度数太小)和过度的功能(度数过大)。

有害功能是导致技术系统出现问题的主要原因。通过功能分析与因果分析,找出产生有害作用的根本原因,进而可以通过"裁剪"等工具实现对系统进行较小的改变就能解决技术系统的问题,并最终实现技术系统理想度的提升。这也是发明问题解决过程中对系统进行功能分析的主要目的。但需要指出的是,技术系统产生的问题不一定都是有害功能引起的,在很多情况下,系统的问题往往是由于有用功能的不足或过度产生的。

也就是说,在一个技术系统中,除了正常功能之外的其他类型的功能,包括有害功能、不足的功能、过度的功能都属于在功能分析中所得到的功能缺点,对其进行进一步的分析有可能成为解决发明问题的关键。

TRIZ 理论提出的基于组件的功能分类方法可以帮助工程技术人员确定已有技术系统所提供的主功能、研究系统组件对系统功能的贡献以及分析技术系统中的有用功能及有害功能的关系,为下一步进行功能分析和改善技术系统奠定基础。

(2)基本功能、辅助功能和附加功能。

如果工程系统中的某个组件的某个功能是有用的,根据功能的作用对象的不同,还可以将其做如下分类,即基本功能、辅助功能和附加功能。

如果功能的对象也是整个系统的作用对象(目标),则这个功能是基本功能。如果功能的对象是超系统的组件,但不是系统目标,则称这个功能是附加功能。如果功能的对象是系统中的某一组件,则称这个功能是辅助功能。图 3-4 所示为技术系统中基本功能、辅助功能、附加功能之间的关系。

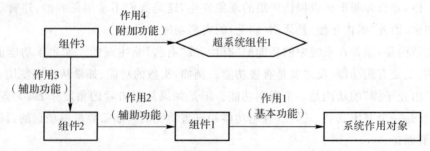

图 3-4 基本功能、辅助功能、附加功能之间的关系

例如,电饭煲的主要功能是加热米饭,因此米饭就是电饭煲这个系统的目标。对米饭的"加热"功能就是基本功能。因此,内胆加热米饭是基本功能,内胆盛装米饭也是基本功能。蒸米饭的过程中会产生蒸汽,而蒸汽并不是系统组件,而是超系统组件,所以对蒸汽的相关功能

就是附加功能,比如锅盖挡住蒸汽(阻止空气流动)是附加功能。内胆是系统组件,对内胆的作用就是辅助功能,比如,电热盘加热内胆就是辅助功能。

基本功能是与技术系统的主要目的直接有关的功能,是技术系统存在的主要理由,它回答"该系统能做什么"的问题,一个系统可能有多个基本功能。辅助功能是为了更好地执行一个基本功能所提供的功能,是支撑基本功能的功能。辅助功能占据了大部分成本,对于基本功能来说很可能是不必要的。附加功能回答"该系统还有什么其他作用"的问题。

例如,洗衣机的基本功能是"分离污垢",目标是污垢。在洗衣机系统中,几个超系统组件分别是水、洗衣液等,洗衣机渡轮的作用对象是水,它的功能是"搅动水",这是一个附加功能。如果洗衣机用于洗衣物外的其他物品,不能认为系统目标发生改变了,而说洗衣机的附加功能还可以是"洗玩具""洗桌布"等,原因就在于不管放进洗衣机的具体物品是什么,目标是一致的,就是"分离(放进洗衣机内的物品中所含有的)污垢",而不是放进洗衣机内的物品本身。就像牙刷的目标是黏附在牙齿表面的牙垢、食物残渣等,而不是牙齿本身。

3. 功能定义的 VOP 表达方法

(1)功能定义的 VOP 模型。

功能定义的表达,其目的就是"功能载体"对"功能对象"的"作用"进行准确的、一般性的定义和描述,尤其是选取合适的动词描述功能载体对功能对象的作用。

阿奇舒勒在其早期著作《创造是精确的科学》一书中,以 VO(动词+名词)的方法表达了对功能的最基本的阐述,即用"动作(V,动词)+ 对象(O,名词)"的格式来描述功能。例如,眼镜的功能是"折射(V)光线(O)",电线的功能是"传输电流",活塞的功能是"挤压空气",牙刷的功能是"去除牙垢",机床夹具的功能是"定位和夹紧工件",洗衣机的功能是"分离污垢",等等。

随着 TRIZ 理论的进一步发展,现代 TRIZ 对功能做出了新的描述,这一描述中增加了作用对象(功能受体)O 的参数 P,并以参数 P 是否产生了变化来衡量功能作用的结果。作为功能的受体(作用对象),至少要有一个参数受到影响并发生改变。例如电线在执行"传输电流"这一功能的过程中,其作用对象——电流的位置(参数)发生了改变;活塞在执行"挤压空气"的功能中,作用对象——空气的体积发生了改变。我们把这种对功能的描述方式称为 VOP 功能模型(见图 3-2)。表 3-2 列举了几种技术系统的功能的 VOP 表达。

表 3-2 技术系统 VOP 模型举例

技术系统	V	O	P
热水器	加热	水	温度
眼镜(镜片)	折射	光线	方向
车	移动	人(或物)	位置
防弹头盔	改变	子弹	速度(或方向)
牙刷	去除	牙屑(细菌)	数量

(2) 功能动词(V)的规范化。

作为功能定义本质表达的动词,不宜采用过于专业的词汇,亦不宜采用口语化的词汇。TRIZ理论专家赵敏在其著作《TRIZ进阶及实践》中提出了用35个规范化的"功能动词"和5种基本形态的物质分类:固体、粉末、液体、气体以及场,对系统功能的描述进行规范化(赵敏,2016)。孙永伟提出约16个常用的功能动词(孙永伟,2015),成思源也提出约38个常用的功能动词(成思源,2014)。本书将以上专家的研究成果加以综合,提出表3-3所示的常用功能动词。

表3-3 可用于描述技术系统功能的常用功能动词

常用词	次常用词
吸收、挡住、加热、控制、分解、冷却、移动、去除、支撑、蒸发、折射、保持、生成、切割、吸附、粉碎	破坏、混合、聚集、检测、装配、干燥、定向、弯曲、嵌插、擦亮、拆解、慢蚀、相变、析取、加工、清洁、煮沸、凝结、冷却、转动、腐蚀、告知、分离、稳定、沉淀、定位、振动、积累、稀释、压缩、汽化

通过这种规范化处理,不仅可以使功能表达具有一般化意义,便于不同领域的技术专家的理解和沟通,而且会比较方便地使用规范化的功能语义检索,更快地找到解决方案和效应知识。

表3-3中仅仅是常用的规范化动词。在实际的功能分析中,对动词(V)的初始定义往往可能在这些动词范围之外。在实际应用过程中,首先应以清晰地定义所需功能为首要步骤,具体使用哪个动词都可以,然后再对动词做一般化处理,尽量向该表中的动词靠拢。这样会比较方便地使用规范化的功能语义检索,找到适用的解决方案和效应知识。

(3) 在用VOP模型进行功能定义时应注意的几个原则。

在用VOP模型对系统功能进行描述时,应该注意以下原则:

第一,在功能动词的使用中,有些动词虽然在日常用语中很常用,但用于功能的描述却是不正确的,例如扫、允许、保护、提供等(孙永伟,2015)。

第二,否定词不能用于功能定义中。例如,士兵所戴的钢盔,如果将其功能定义为"不让子弹通过"就是错误的,因为其中包含否定词。正确的定义应该是"改变子弹运行轨迹"或"挡住子弹"。陶瓷的功能应描述为"阻碍电流",而不应该描述为"不能传导电流"。

第三,功能的受体(作用对象)必须是组件,不能是组件参数。例如,空调的功能定义应为"改变(V)+空气(O)+温度(P)",而不是"改变温度";热水器的功能是"提高(V)+水(O)+温度(P)",而不是"提高温度"。

第四,可以将组件与其功能分离,分别进行考虑。例如组件X对组件Y具有某一种功能,我们可以将组件X所提供的功能与组件A本身分开来考虑,即"我们需要的是组件X提供的功能,而不是组件X本身"。这种思考方式有利于扩展思路,找到可以实现同样功能的其他方法。

3.2.4 功能模型

功能分析能为处在某个状态的系统绘制出一幅功能模型图。它可以帮助我们了解系统,认识系统存在的问题,确认问题的类型,获得解决有关问题的灵感和启示,进而以精确的方式为每一类问题找到相应的解决方案。

通过功能分析,首先可以发现系统中存在的多余的、不必要的功能,进而采用 TRIZ 理论提供的方法和工具(如矛盾分析、物-场分析、裁剪等),完善、替代或裁剪掉系统中的不足或过度的功能,消除有害功能,最终改进系统的功能结构,提高系统功能效率,降低系统成本。

一个技术系统的功能模型可以是一个"功能模型列表"的形式,也可以是一个"功能模型图"的形式。由于功能模型图更加直观,分析结果显而易见,因此本书主要以功能模型图的形式介绍系统功能分析的方法和步骤。功能模型图中的各元素及其图形符号见表 3-4。

表 3-4 系统功能模型中各元素的符号化表达

功能模型中的元素		表达符号
系统组件		矩形 ▭
超系统组件		六边形 ⬡
系统目标		圆角矩形 ▢
有用功能	正常的功能	实线+箭头 ──→
	不足的功能	减号+箭头 ----→
	过度的功能	加号+箭头 ++++++→
有害功能		波浪线+箭头 ∿∿→

基于组件的功能分析方法和步骤如下:

(1)进行组件分析并建立组件层次模型。识别技术系统的组件及超系统组件,建立组件列表,分析组件的层级关系。

(2)分析系统组件之间的关系(相互作用),建立系统组件关系模型。识别组件之间的相互作用,进行组件相互作用分析,建立组件相互作用矩阵。

(3)建立功能模型。依据功能定义三要素原则,在相互作用矩阵的基础上对组件功能进行定义,并识别和评估组件的等级和性能水平,将组件之间的"关系"转化成"功能"并建立功能模型。

1. 组件分析与组件层次模型的建立

组件分析是指识别技术系统的组件及其超系统组件,得到系统和超系统组件列表,即技术系统是由哪些组件构成的,这是识别问题的第一步。组件列表中明确技术系统的名称、技术系统的主要(基本)功能以及系统组件和超系统组件。

进行组件分析时,一般应遵循两个原则,即"最小"原则和"最大"原则。最小原则是指应找到与问题相关的最少组件;最大原则是在确定了系统边界后,应描述出问题所在系统的所有相关组件。

对技术系统进行组件分析后,需建立组件分析图。组件模型表示技术系统的组件和组件的等级和层次关系。组件模型一般采用列表的方式来表达。如果一个技术系统组件不是很多的话,也可以将组件模型以图的形式给出。

建立组件模型主要有5个步骤:① 确定"出现问题"的技术系统;② 罗列出此技术系统的所有组件;③ 罗列出此技术系统的超系统的组件;④ 罗列出此技术系统的子系统组件;⑤ 将所有组件填入组件模型的列表(模板)中。

【案例3-1】

以"眼镜"作为技术系统,进行组件分析并建立组件模型。

为了让初学者更容易掌握和理解,本书在分析眼镜系统时做了简化处理,例如,不考虑玻璃镜片上是否有镀膜,以及简化了在镜腿与镜框之间起连接作用的螺丝等组件。

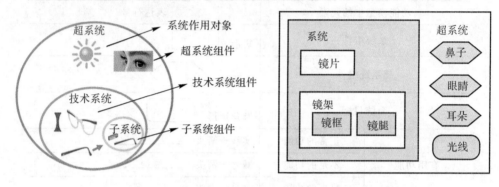

图3-5 眼镜组件模型图

对于近视眼镜这个技术系统而言,其组件包括了镜片、镜框及镜架,而手、眼睛及外部环境(光线等)则为超系统组件。图3-5所示为眼镜系统组件分析图,表3-5为眼镜技术系统组件分析表。

表3-5 眼镜技术系统组件模型

技术系统	系统级别的组件	子系统级别的组件	超系统组件
近视眼镜	镜片		耳朵 眼睛 鼻子 光线
	镜架	镜框	
		镜腿	

为了清晰地分析技术系统,建立组件模型有以下几条原则:① 在特定的条件下分析具体的技术系统;② 根据技术系统组件的层次建立组件模型;③ 根据层次等级建立初始的组件模型,然后根据进一步的分析完善组件模型;④ 组件模型中包含了超系统的某些组件,该组件与系统组件有相互作用;⑤ 在技术系统生命周期的不同阶段,系统的超系统是不一样的,所以在技术系统的各个生命周期都要建立组件模型。

2.组件关系模型的建立

组件关系模型,又称结构模型,是技术系统组件之间相互作用的描述,目的是在组件分析的基础上分析技术系统组件相互之间的联系与作用。

组件之间的联系分为"物质联系"与"场联系",其中物质联系是接触式的联系,而场联系是非接触式联系,如机械场、温度场、电磁场等。组件之间的作用或联系可能是有用的,有害的,还可能是有用和有害作用同时存在的,或者是中性的(既未起到有用作用,也未起到有害作用)。在进行组件关系分析时需要注意以下几点。

(1)指出某时间某空间内组件间的相互作用。
(2)组件间相互作用时产生哪些有用作用?
(3)组件间相互作用时产生哪些有害作用?

组件关系模型是反映系统各组件间相互作用的模型,一般用"组件关系矩阵表"(见表3-6)或"组件关系矩阵图"(见图3-6)表示。建立结构模型的步骤如下:

(1)按照组件模型模板,将各组件罗列在结构矩阵第1列,或是在结构表的第1行与第1列。
(2)依次查找两组件之间是否存在关系,但不要考虑组件之间存在着什么关系。
(3)在结构表或矩阵中填写相应标记,如符号"×",表示该组件之间存在的相互关系。

【案例3-2】

建立"眼镜"系统组件关系模型。

表3-6为眼镜技术系统的组件关系矩阵表。在该表中,凡是互相存在"作用"的两个组件,其在矩阵表中的相应位置被标记"×"。

表3-6 "眼镜"技术系统的组件关系矩阵表

组件	玻璃镜片	镜框	镜腿	鼻子	眼睛	光线	耳朵
玻璃镜片		×				×	
镜框	×		×	×			
镜腿		×					×
鼻子							
眼睛						×	
光线	×				×		
耳朵			×				

图3-6所示为"眼镜"系统组件关系矩阵图,将组件关系模型用矩阵图的形式进行规范表示。在该图中,凡是互相有"作用"的两个组件,其在矩阵图中的对应位置被标记"○"。组件关系矩阵图能更直观地表达组件之间的作用关系。

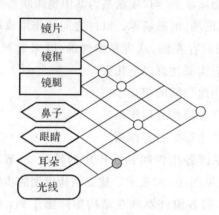

图 3-6 "眼镜系统"组件关系矩阵图

从"眼镜"系统组件关系矩阵图可以看出,"眼睛"作为超系统,只与另一个超系统——光线之间有作用关系,而与眼镜系统中的其他任何一个组件都没有直接关系,因此可以将"眼睛"这个超系统组件从"眼镜"系统中去除掉。当然,对于不同视力的用户来讲,每个人的眼睛都是衡量镜片功能(即"折射光线")是属于正常的功能、不足的功能还是过度的功能的依据。

建立组件关系模型需要遵循一定的原则,具体包括以下几方面:

(1)在技术系统生命周期的各个阶段都可以建立组件模型、组建关系模型,依此找出生命周期中所有可能的相互关系。技术系统发展的整个生命周期中,通过分析系统组件之间、组件与超系统组件间的相互作用,能提示出技术系统的新功能。

(2)将分析出的关系分为物质联系(接触)和场联系(非接触联系)。场联系与物理场和技术场相对应,联系通常指组件间的双向联系。例如,眼镜与鼻子和耳朵间的关系属于物质关系,是双向的;而眼睛与光线间的关系是场关系,是单向的。

(3)分析组件间相互作用时,可对其进行初步评价:有用作用(包括正常作用、不足作用和过度作用)、有害作用、有用和有害同时存在的作用以及中性作用。

(4)模型中两个组件间的作用可以同时有好几个。

(5)如果初始的组件关系模型中存在这样的组件,它与系统中其他的任何一个组件都没有关系,那么可将该组件删除。

3. 功能分析与建立功能模型

任何系统内的组件必有其存在的目的,即提供功能。运用功能分析,可以重新发现系统组件的目的和其结果,进而发现问题的症结,并运用其他方法进一步加以改进。功能分析为创新提供了可能性,为后续技术系统裁剪,实现突破性创新提供可能,功能分析的结果是建立技术系统的功能模型。

功能分析一般是以组件关系矩阵为基础的,按照矩阵中组件出现的先后顺序,将其作为功能载体并分析该功能载体可以提供的功能。为了更清楚地表达系统中各组件的功能及相互关系,还可以首先采用表格形式进行系统组件功能陈述,表 3-7 所示为"眼镜系统"的功能陈述。

表 3-7 "眼镜"系统的功能陈述

组件 X（功能载体）	功能 V	组件 Y（功能对象 O）	参数 P	功能属性（性能水平）	功能等级
镜片	折射	光线	方向	正常	基本功能
镜框	支撑	镜片	位置	正常	辅助功能
镜腿	支撑	镜框	位置	正常	辅助功能
鼻子	支撑	镜框	位置	正常	附加功能
镜框	挤压	鼻子	压力	有害	附加功能
耳朵	支撑	镜腿	位置	正常	附加功能
镜腿	挤压	耳朵	压力	有害	附加功能

在功能陈述中,主要遵循以下几个步骤进行:

(1)给出自己认为正确的初始功能描述。

(2)系统中是否有组件有完成此功能的能力?(系统中至少有一个组件参与此项功能的完成)

(3)用下列问题确认功能陈述:① 如果找到了参与完成此功能的组件,请问为何要完成此功能? ② 如果没有找到组件,此功能是怎样完成的?

(4)不断重复功能陈述的前 3 步,直到找到哪怕是一个组件参与了此功能的完成,最终的功能陈述就是系统的主要功能陈述。

在完成功能陈述后,可进一步建立功能模型。功能模型是反映技术系统及其组件功能的模型,可采用图 3-7 所示的方式表示。

【案例 3-3】

在案例 3-1 和案例 3-2 的基础上,进一步建立"眼镜"系统的功能模型。

图 3-7 所示为"眼镜"系统功能模型。

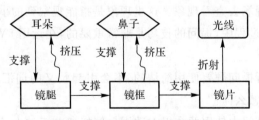

图 3-7 "眼镜"系统功能模型图

建立功能模型时应注意以下几点:

(1)针对特定条件下的具体技术系统进行功能定义。

(2)组件之间只有相互作用才能体现出功能,所以在功能定义中必须有动词来表达该功能且采用本质表达方式,不建议使用否定动词。

(3)严格遵循功能定义三要素原则,缺一不可。

(4) 功能对象是物质(组件)，不能将物质(组件)的参数作为功能对象，例如常见的错误是将"温度"作为功能对象。

(5) 如果不能确定使用何种动词来进行功能定义，可以采用通用定义方式："X 更改(或保持)Z 的参数 Y"。

3.3 因果分析

在实际解决各种技术系统问题的过程中，没有 TRIZ 理论背景或者经验较少的工程师往往会受到问题表象的影响，将很大的精力放在解决初始问题上，在付出很多努力后也没有取得满意的结果。在系统学习 TRIZ 理论后，我们应该养成这样的习惯：不要急于解决系统的初始问题，而应该通过因果分析找到系统深层次的根本原因后再加以解决。

常见的因果分析方法包括 5W 分析法、故障树、鱼骨图分析、因果链分析以及失效模式与后果分析等。本书主要介绍 5W 分析法和因果链分析法。

3.3.1 5W 分析法

5W 分析法又称"5 个为什么"分析法，最初由日本丰田公司提出并在丰田公司广泛采用，因此也称为丰田五问法。5W 方法指出，要解决问题必须找出问题的根本原因，而不是问题本身。根本原因隐藏在问题的背后。举例来说，你可能会发现一个问题的源头是某个供应商或某个机械中心，即问题发生在哪里，但是造成问题的根本原因是什么呢？答案必须靠更深入的挖掘并询问问题何以发生才能得到。其基本方法是，先问第一个"为什么"，获得答案后，再问为何会发生，依此类推，直至找到问题的根本原因。"5 个为什么"是一种重要的、简单实用的因果分析法。这个方法的使用前提要求是对问题的信息进行充分了解。

该方法尽管叫"5 个为什么"，但实际上并没有限制问问题的次数为"5 次"。一个问题具体问多少次主要根据因果链的逻辑关系以及是否达到问题的根本原因。同时，用 5W 分析法寻找问题的根本原因时，所找的原因必须建立在事实基础上，而不是猜测、推测、假设的。阐明现象时为避免猜测，须到现场去查看现象。这里现象是指能观察到的事件或事实。

在寻找根本原因的过程中，提问的技巧是非常重要的，在运用 5W 分析法时应注意以下几个问题：

第一，提问时针对所提问题要使用简洁的、不会引起歧义的词汇来表达，并且采用过去时态来提问。例如，"曾经怎么样？"

第二，避免在一次提问中使用两个以上动词。例如，"电流过大，镀层变厚了？"这样提问不明确，是要分析电流过大，还是要分析镀层变厚？

第三，不要用抽象、含糊的词汇。例如，在××工序中，零部件的组装缺陷很多；未明确具体缺陷，不清楚到底要分析什么。再如，原材料不好；未说明材料哪方面有什么不好。

第四，不使用像"太忙了""太乐观了"等辩解和主观借口。

第五，当一个为什么的原因不止一个时，将其并列写在分析表上，并各自反复追问为什么。

第六，从"根本原因"向"初始缺点"追溯验证。倒过来重新读一遍，以验证逻辑上是否存在不自然的地方。如果有不自然的地方,说明分析不当,对此部分必须重新分析。

3.3.2 因果链分析法

1. 因果链分析的概念

因果链分析又称根本原因分析或因果轴分析,是 TRIZ 理论中除功能分析外的另一种重要的系统分析工具,也是重新陈述问题的一种方法。与功能分析不同的是,因果链分析可以挖掘隐藏于初始缺点(问题)背后的各种缺点及其原因,是全面识别技术系统缺陷的分析工具。

因果链分析可以帮助我们对技术系统进行更加深入的分析,找到潜伏在系统中深层的原因,建立起初始缺点(技术系统表象问题)与中间缺点,直至末端缺点之间的逻辑关系,从而找到更多的问题突破口。在发明问题的解决过程中,往往只要消除了技术系统中某一个或几个关键缺点(问题),就可以轻松消除初始缺点(问题),达到改进系统、解决系统问题的目的。

因果链分析包括原因轴分析和结果轴分析。原因轴分析的目的是了解系统问题的根本原因,寻找解决问题的关键点和突破口;结果轴分析的目的是了解问题可能造成的影响,并寻找可以控制结果发生和进一步恶化的手段。为了便于初学者较好地掌握因果链分析的基本理论和方法,以下主要讲解原因轴分析方法。

2. 原因轴分析的过程

原因轴分析的过程如图3-8所示。其中,初始缺点是从系统分析等其他分析工具所得出来的关于系统的已知或者直接表现出来的缺点。初始缺点非常类似于本章3.2.2节所提到的功能的直觉表达,往往只是问题的表象,而非问题产生的本质原因。初始缺点不仅不容易解决,而且通常不是造成问题的根本原因。对于每一个初始缺点,通过多次问"为什么这个缺点(问题)会存在?",就可以得到一系列的原因,将这些原因连接起来,就像一条(或多条)因果链条。这条因果链的起点是技术系统问题的表象,终点是问题的根本原因。

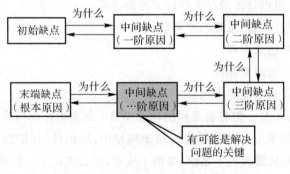

图3-8 根本原因分析过程

原因轴分析步骤如下(孙永伟,2015):

(1)列出项目的反面或者根据项目的实际情况列出需要解决的初始缺点。

(2)寻找中间缺点,对每一个缺点逐级列出造成本层缺点所有的直接原因。

(3)将同一层级的缺点用"与"或"或"运算符连接起来。

(4)重复第(2)(3)步,依次继续查找造成本层缺点的下一层直接原因(中间缺点),直到末端缺点。

(5)检查前面所寻找出来的缺点是否全部包含在因果链中,如果有不在因果链中的,则有可能是被遗漏了,需要进一步判断是否需要添加,如果有必要,则添加,如果没必要添加,即与初始缺点不相关,则需有充分的理由。

(6)根据项目的实际情况寻找并确定关键缺点。

(7)将关键缺点转化为关键问题,然后寻找可能的解决方案。

在这条因果链中,会有很多的原因,这些原因都可能成为解决问题的突破口,解决的方案可以从因果链中的各层原因进行选择。很多情况下,根本原因也许是解决问题的有效方法,但有时候根本原因(末端缺点)不一定很容易解决,因此也可以从某些中间缺点入手解决问题。我们把那些经过精心选择需要进一步解决的缺点称为关键缺点。很多情况下,一旦解决了底层的关键缺点,由它所引发的一系列问题也就都迎刃而解了。

结束原因轴分析的判定条件:当不能继续找到上一层的原因时,或当达到自然现象时,或当达到制度/法规/权利/成本等极限时,则不再寻找原因。另外,对应一个问题,可能会有多个原因,因此原因轴可以有多条链。

3.4 系统裁剪

3.4.1 系统裁剪的概念

系统裁剪简称裁剪,是 TRIZ 理论中另一种分析问题的工具,一种能够以低成本实现系统功能的重要方法之一,其基本原理是通过裁剪系统的某个组件,把该组件提供的有用功能重新分配到其他剩余的组件及超系统组件上,从而达到提高系统理想度的目的。组件被裁剪之后,该组件所提供的功能可根据具体情况选择以下处理方式:

(1)由系统中其他组件或超系统组件实现。

(2)由受作用组件自己来实现。

(3)删除原来组件实现的功能。

(4)删除原来组件实现功能的作用物。

例如,图3-9(a)所示是一把普通牙刷的功能模型。如果把牙刷柄裁剪后,得到如图3-9(b)所示的一个新的功能模型。在这个新的功能模型中,原组件"牙刷柄"的功能由系统中的超系统——"手"来实现,从而简化了系统,降低了成本,并且实现了一把便携牙刷的创新设计。图3-9(c)所示为一种可以套在手指头上的婴儿专用硅胶牙刷。

技术系统实施裁剪的关键在于"确保被裁剪的组件的有用功能能够被重新分配和执行",新功能载体如何执行"被裁剪的组件的有用功能"则是技术系统裁剪后产生的新问题,即裁剪问题。

裁剪是一种非常有效的发明问题解决方法。针对技术系统实施裁剪,可以简化系统结构,提高理想度。在企业实施专利战略的过程中,裁剪方法也是进行专利规避的重要手段。通过裁剪,可以精减组件数量,降低系统的组件成本;可以优化功能结构,合理布局系统架构;可以体现功能价值,提高系统实现功能效率;还可以消除过度、有害、重复功能,提高系统理想化程度。

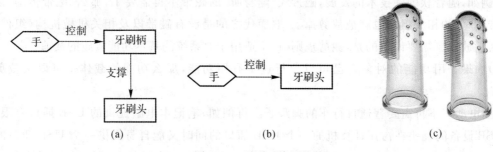

图 3-9　牙刷系统的裁剪
(a)普通牙刷的功能模型；　(b)裁剪后的牙刷功能模型；　(c)新型套指牙刷

3.4.2　裁剪对象的选择

裁剪流程中的一个重要步骤,是决定工程系统的哪些组件可以被裁剪及如何裁剪。可以使用下面的几条建议来选择将要被裁剪的组件。

(1)可以选择有多个缺点的组件(成本也可以作为缺点之一)或者那些裁剪后对系统改善最大的组件,通过裁剪可以最大限度地改善工程系统,提高系统的理想度水平。

(2)为方便降低成本和改进剩余组件,裁剪掉价值较低的组件。一些不太重要的功能可以在剩余组件中很容易地重新分配,而无须对工程系统进行重大的变动。所谓组件的价值低是指在系统中,执行非主要功能(例如附加功能或辅助功能)的组件,并且"价值＝功能÷成本"进行评估后价值较低的组件。

需要注意的是,裁剪的程度取决于项目的商业和技术的限制。这些限制决定了可以被裁剪的候选组件。对系统的裁剪有时是非常激进的,即裁剪掉多个组件或裁剪掉工程系统中的重要组件。这种激进式的裁剪对原有的工程系统变化比较大,大到可以从根本上改变原来的技术系统,从而也会带来一些激进式(或破坏性)的创新成果。相对于激进式的裁剪,渐进式(有对工程系统做较小改变)的裁剪则适用于渐进式创新过程。

对于有经验的工程师和 TRIZ 专家,如果项目允许,往往首先选择激进式裁剪,使系统变化较大,从而可能会对原工程系统产生重大的改进。如果不允许对系统有比较大的改变,则可以选择一个渐进式的裁剪方案。

3.4.3　裁剪的规则及实施步骤

裁剪规则是指对技术系统的组件进行裁剪时必须遵循的一些基本法则。世界各地的 TRIZ 研究者提出了许多裁剪规则,比较常用的有 C2C Solutions 公司的 David Verduyn 提出的技术系统裁剪六规则,国际 MATRIZ 协会主席 Sergei 先生所在的 GEN3 PARTNERS 公司提出的三个裁剪规则,本书重点介绍后者。GEN3 PARTNERS 公司提出的三个裁剪规则

如下:

(1)如果有用功能的对象被去掉了,那么功能的载体也是可以被裁剪掉的。

例如梳子的有用功能是整理头发,如果某人剃了光头,那么这把梳子也就失去了存在的价值。再例如,随着软硬件技术的发展,磁带式"随身听"的磁带不再需要了,那么"磁带传动"以及"磁带读写"的相关组件也就被裁剪掉了,取而代之的是没有磁带以及相关机械机构(组件)的 MP3 播放器。需要说明的是,裁剪规则(1)不适用于对系统的基本功能实施的裁剪。

(2)如果有用功能的对象自己可以执行这个有用功能,那么功能的载体是可以被裁剪掉的。

例如电动车不再需要普通自行车的脚蹬子。再例如,笔记本电脑提供的 USB 插口有限,如果 USB 设备的插头在占用计算机的一个 USB 插口的同时又能自身提供一个 USB 插口的话,传统的 USB-HUB 也就可以裁剪了。图 3-10 所示是一种可以串联的 USB 插头创新产品。

 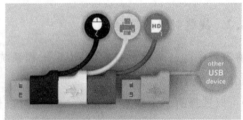

图 3-10　一种可串联的 USB 插头

(3)如果能从系统或者超系统中找到另外一个组件执行有用功能,那么该功能的原载体是可以被裁剪掉的。

例如,对于一个带"把手"的水杯,把手的主要功能是为了防止烫手,即"阻止热量传播",杯把是功能载体,功能的对象则是热量。如果我们加厚杯子的壁厚,或者改用热传导性能差的材料做杯子的话,杯子把手这个组件就可以被裁剪掉了,这样的话就会降低杯子制造过程中的工艺复杂度。

另外,如何将裁剪后的有用功能分配到系统组件或超系统组件上去,使之成为新的功能载体并提供已裁剪旧功能载体所保留的功能,这是新功能载体的选择问题。一个新的功能载体必须满足如下 4 个条件之一:

(1)组件已经对功能对象执行了相同的或类似的功能。

(2)组件已经对另一个对象执行了相同的或类似的功能。

(3)组件对功能对象执行任一功能,或至少简化与功能对象的交互作用。

(4)组件拥有必要的资源组合,以执行所需的功能。

系统裁剪的实施步骤如下:

(1)根据本章 3.2 节功能分析,画出系统功能模型。

(2)选择技术系统中需要裁剪的候选组件。

(3)选择将被裁剪组件的第一个有用功能。

(4) 选择合适的裁剪规则。
(5) 运用功能再分配的规则,选择一个新的功能载体。
(6) 描述裁剪之后的问题。
(7) 重复第(3)~(6)步,将组件所执行的有用功能全部分析一遍。
(8) 重复第(2)~(7)步,将所有可能被裁剪的组件尝试一遍。

3.5 系统分析综合案例

案例1　丰田汽车生产线上机器停转的根本原因分析

丰田汽车公司前副社长大野耐一发现一条生产线上的机器总是停转,虽然修过多次但仍不见好转。于是,大野耐一与工人进行了以下的问答,对该生产线存在的问题进行根本原因分析:

(1) 问:为什么机器停了? 答:因为超过负荷,保险丝就断了。
(2) 问:为什么超负荷呢? 答:因为轴承的润滑不够。
(3) 问:为什么润滑不够? 答:因为润滑泵吸不上油来。
(4) 问:为什么吸不上油来? 答:因为油泵轴磨损、松动了。
(5) 问:为什么磨损了呢? 答:因为没有安装过滤器,混进了铁屑等杂质。

经过连续多次不停地问"为什么",最终找到问题的根本原因和解决的方法,即在油泵轴上安装过滤器,而不是简单地更换一根保险丝草草了事。

案例2　美国林肯纪念堂外墙瓷砖脱落问题的根本原因分析

美国林肯纪念堂外墙面的瓷砖经常容易脱落,由此造成巨大的经济损失,如果再不能解决,则需要投入大笔资金进行改造,管理者请来专家帮助解决此问题,专家对此进行了如下的原因分析:

(1) 问:大厦外墙面的瓷砖为什么会脱落呢? 答:因为大厦外墙面的瓷砖易腐蚀。
(2) 问:为什么大厦外墙面的瓷砖会腐蚀呢? 答:因为经常用酸性溶液进行擦洗。
(3) 问:为什么要用酸性溶液擦洗大厦外墙面的瓷砖呢? 答:因为大厦表面瓷砖非常容易脏。
(4) 问:为什么大厦外墙面瓷砖非常容易脏? 答:因为有鸟粪。
(5) 问:为什么有鸟粪? 答:因为大厦附近经常有大量的小鸟。
(6) 问:为什么大厦附近有大量的小鸟? 答:因为大厦外墙面有很多蜘蛛,小鸟以蜘蛛为食。
(7) 问:为什么大厦外墙面有很多蜘蛛? 答:因为大厦内有大量的小虫子为蜘蛛提供了充足的食物来源。
(8) 问:为什么大厦内会有大量的小虫子? 答:因为大厦内阳光非常充足,温度也相对较高,适合这种虫子生长。

(9)问:为什么大厦内阳光非常充足,温度也相对较高?答:通过观察发现大厦对面大楼的一个建筑物的玻璃幕墙总是将阳光反射过来照射在林肯纪念堂的一大片玻璃幕墙上,使得大厦内不仅阳光充足,而且温度也相对较高。

那么,最终如何解决大厦表面腐蚀这个问题呢?方法很简单,那就是在林肯纪念堂的玻璃幕墙里面挂上一个大窗帘,遮挡反射自对面建筑物的阳光。

案例3 大楼火灾原因分析

一座大楼在燃放庆典烟花时发生火灾,据分析可能的原因如下:

(1)烟花与金属幕墙相撞,烧穿装饰幕墙。
(2)火种落入内侧,引燃内侧保温材料,保温材料大面积闷烧过火,烧穿防水层进入室内。
(3)引燃室内可燃物,可燃装饰材料和施工材料着火又扩大了火势。
(4)沿外墙面连续的金属幕墙部分形成了竖向火势延伸通道。
(5)中庭部分产生"烟囱效应",最终突破空中花园玻璃,发生爆炸。

大楼火灾原因分析如图3-11所示。

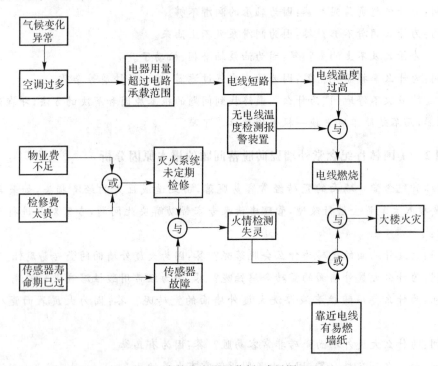

图3-11 大楼火灾原因分析(成思源,2014)

案例4 冬天静电对人身体造成刺痛感的原因分析

通过因果链分析解决冬天静电对人身体造成刺痛感的问题(孙永伟,2015)。

(1)确定初始缺点(问题):我们的目标是解决静电对人体产生的刺痛感。
(2)造成疼痛的原因是由于电流刺激了人的神经末梢,因此可以认为造成刺痛感的原因有两个,分别是电流和神经末梢,前者是造成刺痛的客观原因,后者是感受到刺痛的主观原因。

(3)确定相互关系。电流和神经末梢两个条件相互依赖,缺一不可,因此属于"与"关系。

(4)重复第(2)~(3)步。最终结果如图3-12所示。

(5)确定关键缺点。根据对问题的分析,图3-12中填充阴影的节点可作为关键缺点进行进一步的分析。

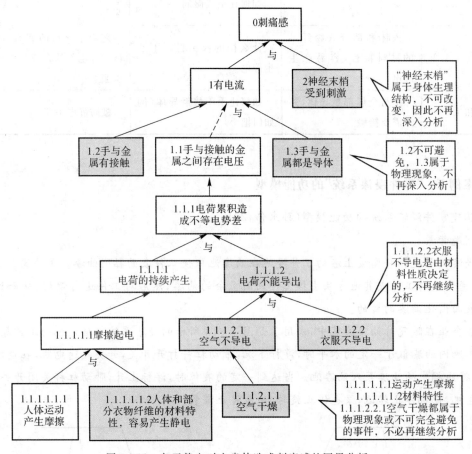

图3-12 冬天静电对人身体造成刺痛感的因果分析

(6)将关键缺点转化为关键问题,并寻找可能的解决方案,见表3-8。

表3-8 防静电关键问题及可能的解决方案

编号	关键缺点	关键问题	可能的解决方案
2	神经末梢受到刺激	如何让人的神经末梢(尤其是手)不受电击的刺激	尝试用神经末梢较少的部位接触其他物体,例如用手背推开门把手
1.1.1.2	电荷不能导出	如何将人体上的电荷导出	用钥匙或其他金属导出人体上的电荷
1.1.1.2.2	衣服不导电	如何让衣服导电	在鞋上装金属丝,引导电流

续表

编号	关键缺点	关键问题	可能的解决方案
1.1.1.2.1	空气不导电	如何让空气导电	使用离子静电消除器(除静电风机),在空气中加入离子风
1.1.1.2.1.1	空气干燥	如何让空气湿润	使用加湿器,建造人工喷泉等
1.1.1.1.1.2	人体和部分衣物纤维的材料特性,容易产生静电	什么样的衣物材料不产生静电	防静电材料的衣服,例如用嵌织导电丝的合成纤维织物做衣服
1.3和1.2	手与金属都是导体,并且需要接触	如何让手不接触导体(例如门把手)	戴防静电手套

案例5 "零件浸漆系统"的功能模型

构建零件浸漆系统的功能模型(孙永伟,2015)。

问题背景:

浸漆工艺是指将需要上漆的工件浸泡在油漆池中使工件表面黏附油漆。工件离开油漆池后,可通过旋转工件或其他方法去掉工件表面多余的油漆,然后对工件进行烘烤,从而达到在工件表面固化油漆的目的。

某企业在暖气片油漆涂装中,采用了如图3-13所示的浸漆系统。该系统的工作原理为:当油漆池内油漆低于一定的水平时,浮标下沉,带动杠杆打开开关,开关接通电机,在电机带动下,泵将油桶中的油漆泵入油漆池。当达到一定的液位时,浮标上升,带动杠杆关闭开关,开关关闭电机,电机停止转运,泵也停止旋转,油漆停止灌装。

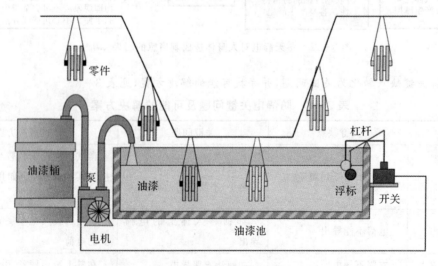

图3-13 暖气片浸漆系统

问题描述：

随着时间的推移，由于油漆长期暴露在空气中导致油漆挥发，干的油漆会固化在浮标表面上，导致它越来越重，这样即使油漆池中装满了油漆，浮标仍无法有效上浮。浮标无法上浮导致开关不能及时关闭，电机持续带动泵转动，过量的油漆注入油漆池中，久而久之，油漆越来越多，以致溢出了。为了解决这一问题，曾经尝试过多种方法，比如加装液位传感器，定期更换浮标，在浮标上镀不黏涂层等，由于高成本和维护问题，难以接受。因此需要一种创新的解决方案来改善工程系统。

这里，我们只进行暖气片浸漆工艺系统功能分析。

(1)组件分析：

按照功能分析的流程，首先建立浸漆工艺系统的组件列表，见表3-9。

表3-9 暖气片"浸漆系统"组件列表

技术系统	系统级别的组件	子系统级别的组件	超系统组件
浸漆系统	浮标		油漆桶 空气 油漆
	杠杆		
	开关		
	电机		
	油漆泵		
	油漆池		

(2)组件相互作用分析：

将表3-9中的组件列出来，产生一个相互作用矩阵，如图3-14所示。

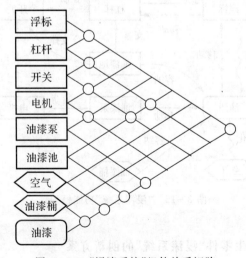

图3-14 "浸漆系统"组件关系矩阵

(3)功能分析与建立功能模型:

在浸漆系统组件关系矩阵的基础上,进行系统组件功能陈述,见表3-10。

表3-10 "浸漆系统"功能陈述

组件 X (功能载体)	功能 V	组件 Y (功能对象 O)	参数 P	功能属性 (性能水平)	功能等级
浮标	移动	杠杆	位置	不足	辅助功能
浮标	黏附	油漆	重量	有害	有害功能
杠杆	支撑	浮标	位置	正常	辅助功能
杠杆	控制	开关	位置	不足	辅助功能
开关	控制	电机	速度	正常	辅助功能
电机	驱动	油漆泵	速度	正常	基本功能
油漆泵	移动	油漆	重量	正常	基本功能
油漆池	容纳	油漆	重量	正常	基本功能
油漆池	支撑	杠杆	位置	正常	基本功能
油漆池	支撑	开关	位置	正常	基本功能
空气	固化	油漆	浓度	有害	附加功能
油漆桶	容纳	油漆	重量	正常	基本功能
油漆	移动	浮标	位置	不足	辅助功能

在进行功能分析、完成功能陈述后,可进一步建立"浸漆系统"功能模型,如图3-15所示。

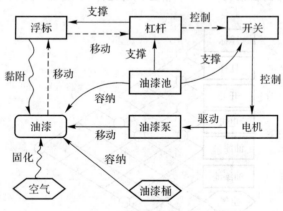

图3-15 "浸漆系统"功能模型

案例6 通过裁剪产生零件"浸漆系统"的创新方案

零件浸漆系统的裁剪(孙永伟,2015)。

(1)通过系统分析,绘制暖气片浸漆系统功能模型,如图3-15所示。

(2)选择系统中需要裁剪的组件。通过分析,我们发现,浮标由于黏附了大量的油漆从而造成油漆溢出,作为系统组件,是系统的一个关键缺点之所在。因此,我们将它作为一个被裁剪组件。

(3)选择将被裁剪组件的第一个有用功能。从功能模型图中可以看出,浮标只有一个有用功能,即移动杠杆。而杠杆有一个有用功能是固定浮标。

(4)选择合适的裁剪规则。基于以上分析,我们决定用比较激进的裁剪规则 A,即将浮标和杠杆同时裁剪掉。

(5)运用功能再分配的规则,选择一个新的功能载体。将浮标和杠杆两个组件去掉后,产生一个裁剪问题,即需要一个组件来控制开关。经过对所有剩余组件进行一一尝试后,我们最终将新的载体确定为油漆和油漆池。

(6)描述裁剪之后的问题。裁剪后的问题是,首先如何让油漆来控制开关,其次如何让油漆池来控制开关。

(7)重复第(3)~(6)步,将组件所执行的有用功能全部分析一遍。浮标的功能只有一个,所以不用再回到第(3)步。浮标裁剪掉后,杠杆的功能也只剩一个,所以不需要再回到第(3)步。

(8)重复第(2)~(7)步,将所有可能被裁剪的组件尝试一遍。尝试裁剪掉其他组件,可以产生新的裁剪问题。

在以上对"浸漆系统"进行裁剪的基础上,对裁剪问题"如何让油漆来控制开关以及如何让油漆池来控制开关"做进一步分析并提出解决方案。

方案1:对于"如何让油漆控制开关"的裁剪问题,可以尝试在油漆中放入一压力传感器,如果油漆液面太低,则会触发一个信号给开关,开关会打开电机,电机带动油泵,将油漆桶中的油漆泵到油箱中。随着液面升高到一定程度,压力传感器会触发一个信号给开关,关上电机,从而终止从油漆桶里泵油漆。裁剪后的系统功能模型如图3-16所示。

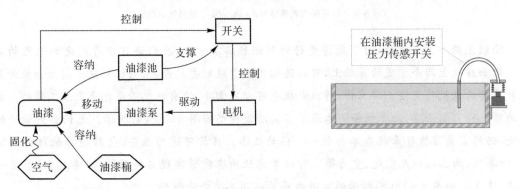

图 3-16　方案 1 裁剪后的系统功能模型及原理图

方案2:对于"如何让油漆池控制开关"的裁剪问题,可以尝试在油漆池(油箱)的底部放入一称重传感器,比如电子天平。如果油漆箱中的油漆太少,则称重传感器会触发开关,从而将油漆桶中的油漆泵到油漆箱中。随着油漆箱中的油漆越来越多,达到一定程度时,称重传感器会触发一个关机信号给开关,从而终止从油漆桶里泵油漆。新的系统功能模型如图3-17所示。

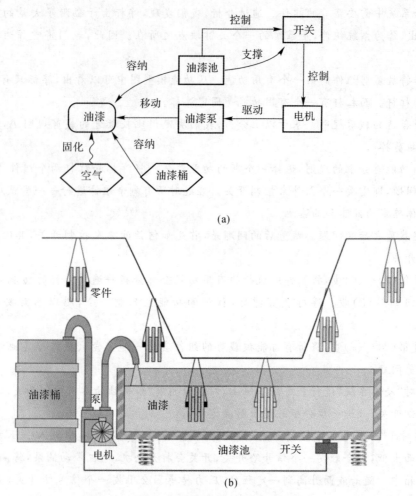

图 3-17 方案 2 裁剪后的系统功能模型(利用油漆池重量变化控制开关)
(a)方案 2 的系统功能模型图; (b)方案 2 的系统原理图

除以上两个方案之外,为了获得更好的创新性解决方案,我们还可以考虑更加激进的裁剪。比如在以上两个方案的基础上,可以连续用裁剪规则去掉开关、电机和泵。因为如果开关被裁剪掉后电机将无法正常工作,所以电机也可以不需要,没有电机的泵也是无法工作的。最后的系统将只剩油漆、油漆桶和油漆箱了。其功能模型如图 3-18(a)所示。无论如何激进的裁减,仍然需要有执行系统基本功能——移动油漆。目前可选的组件,包括超系统组件有油漆、油漆池、油漆桶以及空气、重力等。可以考虑让油漆能够实现自移动(自服务)。按照这一思路,建立了如图 3-18(b)所示的激进裁剪后新的系统功能模型。

这一方案的实现方式是,将油漆桶置于高处,让桶内油漆液面高出油漆池内液面一定高度,并让油漆桶内的油漆液面上部形成密闭的负压空间。当油漆池内的油漆量减少到一定程度时,空气管口裸露,空气进入油漆桶上部空间,随着该空间内空气压力的增大,油漆在重力的作用下通过油漆输送管自动流入油漆池中,油漆池中的油漆液面上升,直至再次淹没通气管的管口,油漆桶上部密封空间内压力再次降低,油漆输送停止。该方案的系统原理图如图 3-19 所示。

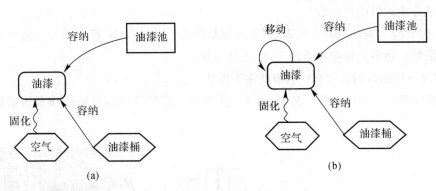

图 3-18 激进裁剪后的功能模型

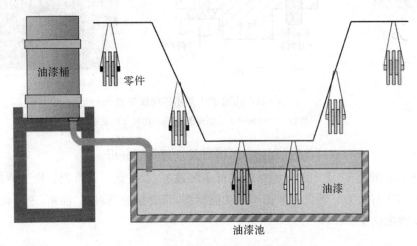

图 3-19 激进裁剪后的方案原理图

思 考 题

1. 请简述技术系统的定义。以图 3-20 所示的一把小铁皮刀为例,说明并列举出该系统中的组件和超系统组件。

图 3-20 小铁皮刀

2. 功能分析的目的是什么？

3. 功能的"直觉表达"和"本质表达"的区别是什么？在用 VOP 模型进行功能定义时应注意哪几个原则？请举例说明功能的 VOP 表达方式。

4. 因果分析的目的是什么？有哪些主要方法？

5. 飞机蒙皮一般使用铆接工艺，如图 3-21 所示。请对图 3-21(b)所涉及的系统进行功能分析。

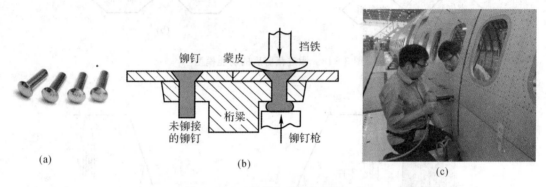

图 3-21　飞机蒙皮常用的铆接工艺

(a)铆钉；(b)铆接工艺原理图；(c)铆接飞机蒙皮

6. 图 3-22 所示为一只普通的白炽灯，请对其进行功能分析。

7. 请对本章案例 3-1 中的眼镜系统进行系统裁剪，看看能否获得创新性的结果。

8. 图 3-23 所示为一辆普通摩托车的功能模型，请尝试分别对其"油箱"进行裁剪，看看能否获得创新性的结果。

图 3-22　白炽灯及其组件名称

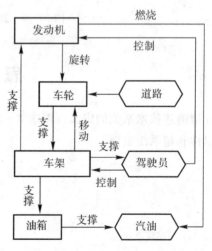

图 3-23　摩托车的功能模型

9. 对于一个普通的咖啡杯来讲，其主要功能是什么？图 3-24 所示为咖啡杯系统功能模型。请分析这个系统存在的问题并对该系统进行理想度审核。根据这张功能图，你可以想到哪些创新性的改进措施？

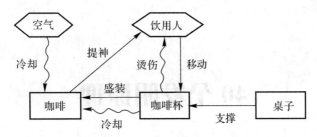

图 3-24 咖啡杯系统功能模型

10. 图 3-25 所示为一只普通注射器，请对其进行组件分析并建立功能模型。

图 3-25 普通注射器

参 考 文 献

[1] 赵锋. TRIZ 理论及应用教程[M]. 西安:西北工业大学出版社,2010.

[2] 赵敏,张武城,王冠殊. TRIZ 进阶及实战:大道至简的发明方法[M]. 北京:机械工业出版社,2016.

[3] 孙永伟,谢尔盖·伊克万科. TRIZ:打开创新之门的金钥匙[M]. 北京:科学出版社,2015.

[4] 成思源,周金平. 技术创新方法·TRIZ 理论及应用[M]. 北京:清华大学出版社,2014.

[5] 卡伦·加德. TRIZ——众创思维与技法[M]. 罗德明,王灵运,等,译. 北京:国防工业出版社,2015.

[6] 梁长佳,田红周,高静轩. 基于 TRIZ 理论的 Trimming 裁剪方法的产品优化设计[J]. 起重运输机械,2014(3):15-17.

[7] Tan Runhua, Zhang Huangao. Interactive Training Model of TRIZ for Mechanical Engineers in China[J]. Chinese Journal of Mechanical Engineering,2014(2):240-248.

[8] 于菲,等. TRIZ 辅助多层次裁剪方法集构建[J]. 机械工程学报. 2015(21):156-164.

[9] 于菲,等. 基于系统功能模型的元件裁剪优先权研究[J]. 计算机集成制造系统,2013(2):338-347.

[10] 韩彦良. 基于 TRIZ 理论功能裁剪的产品创新设计[J]. 制造业自动化,2013(1):150-152.

第4章

40个发明原理

用有限的发明原理来指导发明者解决无限的发明问题,是 TRIZ 理论的精髓之一。在经典 TRIZ 理论创立之初,阿奇舒勒坚信解决发明问题的措施是客观存在的。在对大量的发明专利进行研究、分析、归纳、精炼的基础上,阿奇舒勒总结出了 TRIZ 中最重要的、具有广泛用途的40个发明原理以及这些原理的操作细则。40个发明原理是人类长期与物质世界相互作用的结果,是人类发明智慧的结晶。它是 TRIZ 理论发展过程中阿奇舒勒奉献给我们的第一套解决发明问题的共性知识。掌握这些发明措施,可以大大提高发明的效率,缩短发明的周期。

4.1 发明原理的由来

40条发明原理是阿奇舒勒从大量专利的研究中提炼出来的。最初,他研究了数千份专利,发现只有少数专利提供了解决各种矛盾(关于矛盾的概念将在本书第 5 章详细介绍)所需要的基本概念。于是,他对专利进行了分类,把那些能够解决矛盾并应用了公认的科学概念,特别是那些应用了其他行业知识的方案定义为"聪明"专利。据统计,"聪明"专利约占全部专利的20%。随后,他便开始分析这类专利,在 35 000 份专利中发现了 37 个概念,在约 50 000 份专利中总结出 40 个概念,阿奇舒勒在一部儿童科普书《马上成为发明家》中称其为发明"窍门",这便是我们所说的 40 条发明原理(见表 4-1)。

如今,在全世界 TRIZ 理论研究者的不断研究下,专利分析的数量已达数百万件,但隐含其中的能够用来解决发明问题中各种矛盾的原理仍然是 40 条。这些发明原理犹如解决方案的一系列触发点,告诉我们如何运用世界已知的方法来解决一个特殊矛盾。只要发现了矛盾,TRIZ 就能帮助我们找到相应的发明原理来解决它。在实际运用的过程中,我们首先要把相应的发明原理转化为实际的想法,然后利用相关的知识和经验将其转化为矛盾的实际解决方案。关于这方面的知识将在第 5 章详细介绍。

40个发明原理开启了一扇发现问题、解决问题的天窗,将发明从魔术推向科学,使发明成为一种人人都可以从事的事业,使原来认为不可能解决的问题获得突破性的解决。目前,40个发明原理已经被广泛应用于各个领域,如计算机、材料、医学、管理、教育等,产生了不计其数的发明专利。

表 4-1 TRIZ 的 40 个发明原理

编号	名称	编号	名称
1	分割原理	21	减少有害作用的时间原理
2	抽取原理	22	变害为利原理

续表

编号	名称	编号	名称
3	局部质量原理	23	反馈原理
4	增加不对称性原理	24	借助中介物原理
5	组合原理	25	自服务原理
6	多功能性原理	26	复制原理
7	嵌套原理	27	廉价替代品原理
8	重量补偿原理	28	机械系统替代原理
9	预先反作用原理	29	气压和液压结构原理
10	预先作用原理	30	柔性壳体或薄膜原理
11	事先防范原理	31	多孔材料原理
12	等势原理	32	颜色改变原理
13	反向作用原理	33	均质性原理
14	曲面化原理	34	抛弃或再生原理
15	动态特性原理	35	物理或化学参数改变原理
16	未达到或过度的作用原理	36	相变原理
17	多维化原理	37	热膨胀原理
18	振动原理	38	强氧化剂原理
19	周期性作用原理	39	惰性环境原理
20	有效持续作用原理	40	复合材料原理

4.2 TRIZ 中的 40 个发明原理

4.2.1 TRIZ 发明原理的特点

TRIZ 中的 40 个发明原理,每一个都有固定的编号和排序。每一条原理也有数量不等的若干条原理说明和解释(指导原则)。40 个发明原理中的各原理之间不是并列的,是互相融合的。每个原理的各子条目(原理说明和解释)之间有层次高低,前面的较为概括,后面的更加具体。

按照不同的分类方法,可以对 40 个发明原理进行不同的分类。例如从发明原理的实施结果,可以将其划分为四类:提高系统效率、消除有害作用、易于操作和控制以及提高系统协调性,见表 4-2。

表 4-2 40 个发明原理按实施结果进行分类

分类	提高系统效率	消除有害作用	易于操作和控制	提高系统协调性
发明原理的编号	10,14,15,17,18,19,20,28,29,35,36,37,40	2,9,11,21,22,32,33,34,38,39	12,13,16,23,24,25,26,27	1,3,4,5,6,7,8,30,31

英国巴斯大学(University of Bath)的 Mann 通过研究提出,解决物理矛盾的 4 个"分离原理"与 40 个发明原理之间存在对应关系,即每一个分离原理都对应若干个发明原理,这些发明

原理有助于相应分离原理的实现。关于物理矛盾以及分离原理的相关知识将在本书第5章详细介绍。

发明原理是解决发明问题的一个非常重要的工具。发明原理一般结合TRIZ的其他工具,如本书第5章介绍的技术矛盾和物理矛盾等来使用,但也可以作为一个独立的解决发明问题的工具使用。

4.2.2　40个发明原理详解

原理01　分割原理(Segmentation)

A. 把一个物体分成相互独立的几个部分。

例如:① 在大项目中应用工作分解结构;② 用卡车加拖车的方式代替大卡车;③ 用个人计算机代替大型计算机;④ 用烽火传递信息(分割信息传递距离)。

B. 把一个物体分成容易组装和拆卸的部分。

例如:① 组合式活动房屋;② 橡胶软管可利用快速拆卸接头连接成所需要的长度。

C. 提高系统的可分性,以实现系统的改造。

例如:① 武器中的子母弹;② 用软的百叶窗帘代替整幅大窗帘。

【案例4-1】

分割原理应用实例。

例1:为解决垃圾的分类问题,人们可把大垃圾箱分成几个较小的独立的垃圾箱,分别回收玻璃、纸、金属等垃圾,或是分为"可回收"和"不可回收"垃圾箱。"分类式垃圾箱设计"方便了人们处理垃圾(见图4-1)。

例2:挖掘机铲斗的唇缘是由钢板制成的。传统铲斗只要它的一部分磨损或毁坏,就必须更换整个铲斗,费力又费时。"可拆卸铲斗唇缘设计"将唇缘分割成独立的可分离的几部分,这样既方便快速将损坏或磨损的部分更换,同时又避免整个铲斗的更换,节约了成本(见图4-2)。

图4-1　分类式垃圾箱设计

图4-2　可拆卸铲斗唇缘设计

原理02　抽取原理(Extraction)

A. 从物体中抽出可产生负面影响的部分或属性。

例如:① 冰箱除味剂;② 医学透析治疗。

B. 仅从物体中抽出必要的部分和属性。

例如：① 手机中的 SIM 卡；② 成分献血，只采集血液中的血小板；③ 微波滤波器。

【案例 4-2】

抽取原理应用实例。

例 1：在民航飞行史上，鸟撞飞机造成的事故是不容忽视的。鸟撞飞机多发生在起降或起降前后的低空飞行阶段。因此，作为飞机起降场所的机场，鸟害防治也就成为一项重要的飞行安全保障工作。人们就在鸟的声音中提取了它们被俘的惨叫声或求救声，用此来刺激惊吓在机场飞行的鸟儿。"智能语音驱鸟器设计"正是抽取出了鸟声中鸟儿害怕听到的声音，有效地防止了鸟撞飞机的事件。

例 2：雷电所形成的电流、高温和电磁辐射以及伴随的冲击波等，都对建筑物具有很大的破坏力。避雷针利用金属导电的原理，将可能对人和建筑物造成损害的雷电引入大地。"避雷针设计"抽出了雷电的负面影响，消除了雷电对建筑物的损害。

例 3：大厅内，照明灯的下方十分明亮，而墙角处却显得比较阴暗。我们可以利用光纤，把灯光从大厅的中央均匀地引到大厅的四面八方。这既改善了光线分布的均匀性，也大大地节约了能源。

原理 03　局部质量原理（Partial Quantity）

A. 将物体、环境或外部作用的均匀结构，变为不均匀的。

例如：① 对材料表面进行热处理、涂层、自清洁等处理，以改善其表面质量；② 增加建筑物下部墙的厚度使其能承受更大的负载；③ 凸轮机构。

B. 让物体的不同部分，各具不同的功能。

例如：① 计算机键盘；② 带橡皮擦的铅笔，带起钉器的榔头。

C. 让物体的各部分，均处于完成各自动作的最佳状态。

例如：超声波设备的中间层采用热传导率较好的材料，外层采用耐磨的材料，打孔时可以降低设备的温度。

【案例 4-3】

局部质量原理应用实例。

例 1：如果菜刀都用好钢来制造，则成本太高，用一般钢制造使用时又不够锋利。如果将刀的材料改为不均匀的，刀刃用好钢，其他部分用一般钢，那么，菜刀的质量得到保证的同时，成本也降低了，两全其美。

图 4-3　瑞士军刀设计

图 4-4　多格餐盒设计

例2：如何将一把小刀的功能扩大，同时具备多种用途。"瑞士军刀设计"就成功地将圆珠笔、牙签、剪刀、平口刀、开罐器、螺丝起子、镊子等多种工具集于一身。只要将每个部分从刀身的折叠处拉出来，就可以使用（见图4-3）。

例3：冷、热食物和汤放在一个饭盒中会互相串味，混作一团。"多格餐盒设计"在不同的空间可放置不同的食物，不仅保证了不同食物的最佳状态，而且也避免了食物彼此串味（见图4-4）。

原理04 增加不对称性原理（Asymmetry）

A. 将对称物体变为不对称的。

例如：①在模具设计中，将对称位置的定位销设计成不同直径，以防安装或使用中出错；②非对称容器或者对称容器中的非对称搅拌叶片可以提高混合的效果（如水泥搅拌车）；③将液化气罐底部设计成斜面，一旦燃气快用完时，燃气罐会自动发生倾斜。

B. 增加不对称物体的不对称程度。

例如：①将轮胎的外侧强度设计成大于内侧强度，以增加其抗冲击的能力；②非圆截面的烟囱改变气流的分布；③将圆形的垫片改成椭圆形甚至特别的形状来提高密封程度。

【案例4-4】

不对称雨伞的设计，更好地符合空气动力学，它经得起每小时80公里的风速的考验，在狂风暴雨中不会被损坏。另外，不管它尺寸有多大，都不会遮挡住前方的视线，一边长一边短的雨伞也可以很好地防止雨水冲进伞内（见图4-5）。

图4-5 不对称雨伞的设计

原理05 组合原理（Consolidation）

A. 在空间上，将相同的物体或相关操作加以组合。

例如：①IC电子芯片中的多个门电路；②将多层玻璃用水黏合在一起，便于磨削加工；③网络中的个人计算机。

B. 在时间上，将相同或相关的操作进行合并。

例如：①摄像机在拍摄影像时同期录音；②安装在电路板两面的集成电路；③同时分析多项血液指标的医疗诊断仪器。

【案例 4-5】

例1：船可在水上行驶，车可在陆上行驶，如果既要在水上又要在陆上行驶，船与车都不具备这样的功能。"水陆两用车设计"同时具备车与船的特性，既可在陆地空间行驶，又可在水中空间行驶，不受路况空间的影响，是一种卓越的交通工具(见图 4-6)。

例2：早期的淋浴器有两个调节旋钮，一个调节冷水的大小，另一个调节热水的大小，操作起来十分麻烦。"现代淋浴器设计"将两个控制旋钮合并为一个旋钮或按键，人们只需用其调节就可得到合适的水温，操作简单快捷。

图 4-6　水陆两用车设计

原理 06　多功能性原理(Universality)

A.使一个物体具备多项功能。

例如：① 同时具备透明、隔热、透气功能的窗户；② 将汽车上的小孩安全座椅转变成小孩推车；③ 便携水壶的盖子同时也是水杯；④ 可作 U 盘使用的 MP3；⑤ 机帆船：帆船上装上电池式推进器，沉重的电池在必要时可以起到压舱的作用，用帆航行时，通过推进器给电池充电，无风时电池可以使推进器工作。

B.消除了该功能在其他物体内存在的必要性后，进而裁剪其他物体。

例如：① 机帆船装上沉重的电池后可同时起必要的压舱作用，有时用帆船航行时，推进器给电池充电，无风时，电池使推进器工作；② 船上的压舱物，常规的是用水或沙子，但是渥伦哥尔却使用土作为压舱物，在土中种上可以生长的棕榈树，棕榈树又用来作为桅杆使用。

【案例 4-6】

例1：门铃是用来提醒家里来客的日常生活用具，但主人无法识别来访者。"可视对讲门铃设计"使主人通过屏幕清楚地看到来访者面容，通过听筒清晰地听到来访者声音。在该产品的帮助下，主人瞬间就能识别来访者，从而确保家庭的安全。

例2：数码相机可以拍照、MP3 可以听音乐、手表可以看时间、笔记本电脑可以上网、录音笔可以录制声音……现代人的生活离不开上述产品，但倘若随身携带它们，会非常不便。"iPhone 3GS 设计"是将众多产品功能融于一身的新一代手机，它满足了现代人的需求，适应了现代人的生活方式。

原理07 嵌套原理(Nesting)

A. 把一个物体嵌入另一个物体,然后将这两个物体再嵌入第三个物体,依此类推(见图4-7)。

例如:① 液压起重机;② 伸缩式天线。

B. 让某物体穿过另一物体的空腔。

例如:① 滑行门、推拉门;② 汽车安全带卷收器。

【案例4-7】

俄罗斯套娃是俄罗斯特有的一种手工制作的木制工艺品。一般由多个一样图案的空心木娃娃一个套一个组成,最多可达十多个,通常为圆柱形,底部平坦可以直立。每个娃娃可做摆设,可用来装首饰、杂物、糖果等,也可作为礼品盒(见图4-8)。

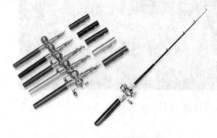
图4-7 伸缩式钓鱼竿

图4-8 俄罗斯套娃

原理08 重量补偿原理(Anti-weight)

A. 将某一物体与另一能提供上升力的物体组合,以补偿其重量。

例如:① 救生圈;② 在一捆原木中加入泡沫材料,使之更好地漂浮。

B. 通过与环境(利用空气动力、流体动力或其他力等)的相互作用,实现物体的重量补偿。

例如:① 潜水艇;② 飞机机翼的形状可以减小机翼上面空气的密度,增加机翼下面空气的密度,从而产生升力;③ 根据阿基米德定律,水中的轮船可获得承重千吨的浮力。

【案例4-8】

例如:如果周围环境中没有可以借助的高大建筑,又不愿花费搭建脚手架,如何将巨幅广告悬于空中呢?我们只能把巨幅广告与能提供上升力的氢气球组合,来实现空中展示广告的目的。

原理09 预先反作用原理(Prior Counteraction)

A. 事先施加机械应力,以抵消工作状态下不期望的过大应力。

例如:① 钉马掌;② 给枕木渗入油脂来阻止腐朽。

B. 如果问题定义中,需要某种相互作用,那么事先施加反作用。

例如:① 在浇注混凝土之前对钢筋进行预应力处理;② 给畸形的牙齿装上矫正牙套。

【案例4-9】

例1:手提弹簧秤设计,事先把钢丝做成压缩弹簧,根据重物大小使弹簧拉伸长度不同来称出物体的重量。

例2：内有波纹层的包装箱纸在制作时使其波纹层和表面层反向弯曲，在胶水干燥后，包装箱纸则达到平直状态。

原理10　预先作用原理(Prior Action)

A. 预先对物体(全部或至少部分)施加必要的改变。

例如：① 不干胶纸；② 邮票打孔；③ 在电子表面贴装制造工艺中，在印制电路板上预先印刷上锡浆。

B. 预先安置物体，使其在最方便的位置，开始发挥作用而不浪费运送时间。

例如：① 灌装生产线中使所有瓶口朝一个方向，以提高灌装效率；② 停车位的咪表(电子计时表)；③ 手机预设单键拨号功能。

【案例4-10】

例1：当刀片不够锋利时，美术工可轻易地沿刀片上预先处理好的折断线将用钝的刀口折断，出现新的刀锋以供继续使用(见图4-9)。

例2：锯开石膏模时，容易使病患处受伤。预先安置锯子在石膏模中，则可通过预先内置的锯条安全地锯开石膏(见图4-10)。

图4-9　美工刀

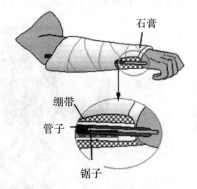

图4-10　在石膏中预埋钢锯

原理11　事先防范原理(Cushion in Advance)

采用事先准备好的应急措施，补偿物体相对较低的可靠性。

例如：① 消防设施；② 电闸盒里的保险丝；③ 超市中的商品印上磁条可以防止被盗；④ 降落伞。

【案例4-11】

例1：在路的急转弯处放上旧轮胎以防止事故(见图4-11)。

例2：汽车在发生碰撞时，安全带可以保护驾驶员和乘客，但安全带对侧面碰撞不起作用。"汽车安全气囊设计"将安全气囊预先安装在车厢内部的多处位置。当车辆遭受较剧烈的撞击时，它会在瞬间充气膨胀以保护车内的所有人(见图4-12)。

图4-11　路的急转弯处预先放置的轮胎

图4-12　汽车安全气囊

原理12　等势原理（Equipotentiality）

改变操作条件，以减少物体提升或下降的需要。

例如：① 三峡大坝的船闸；② 千斤顶；③ 工厂中与操作台同高的传送带。

【案例4-12】

例如：汽车修理时，维修人员必须躺在车下进行操作，既不方便也不安全。"地藏式液压剪式举升机设计"为汽车修理提供了合理的解决方案。使用时，将置于平台上的汽车升起到合适的高度后进行检修。不用时，可将其下降到和地平面平齐，有效地节约了空间（见图4-13）。

图4-13　地藏式液压剪式举升机

原理13　反向作用原理（Inversion）

A. 用相反的动作，代替问题定义中所规定的动作。

例如：① 为了松开粘连在一起的部件，不是加热外部零件，而是冷却内部零件；② 制定最坏状态的标准，而不制定最理想状态的标准。

B. 把物体上下或内外颠倒过来。

例如：① 将杯子倒置，以便从下面喷水清洗；② 通过翻转容器的方式将谷物倒出。

C. 让物体或环境，可动部分不动，不动部分可动。

例如：① 在加工中心中，将工具旋转变为工件旋转；② 电梯上升，电梯动，人不动。

【案例 4-13】

例1：窗户外面的玻璃非常容易脏，擦洗起来十分不便。"翻转型窗户设计"使人们在室内就可安全、方便地擦洗窗户外面的玻璃(见图4-14)。

例2：瓶中的洗发水不多了，很难倒出。若把瓶子倒立放置一段时间，再用时就方便多了。

例3：跑步是一项很好的运动，可以强身健体。但由于很多现代人不具备室外跑步的空间和时间，因此跑步成为一种奢望。"电动跑步机设计"让人们随时可以在室内跑步锻炼，不受空间、时间、天气因素的影响。它主要是通过电机带动跑带运动，使人以不同的速度被动地跑步或走动。跑步机让人们轻松自如地实现了走、跑，达到了锻炼身体的目的(见图4-15)。

图 4-14　翻转型窗户　　　　图 4-15　电动跑步机

原理 14　曲面化原理(Spheroidality)

A. 将物体的直线或平面部分用曲面或球面替代，变平行六面体或立方体结构为球形结构。

例如：① 建筑中采用拱形或圆屋顶来增加强度；② 结构设计中，用圆角过渡避免应力集中；③ 跑道设计成圆形，就不会再受长度的限制。

B. 使用滚筒及球状、螺旋状结构。

例如：① 圆珠笔的球状笔尖使得书写流利，而且提高了使用寿命；② 古代用原木运输重物。

C. 改直线运动为螺旋运动，应用离心力。

例如：宾馆使用旋转门代替推拉门，能更好地保持大厅的温度。

【案例 4-14】

例1：万向轮(活动脚轮)设计，使人们轻轻松松、随意移动家具成为可能(见图4-16)。

例2：刚洗好的衣物含有许多水分，晾晒时很不方便。"甩干机"通过其电机高速旋转时产生很大的离心力，帮助人们除去了衣物上的水分。

例3：滚筒式犁头代替刀片式犁头，工作效率提高一倍(见图4-17)。

图 4-16　万向轮电脑椅

图 4-17　滚筒式犁头

原理 15　动态特性原理（Dynamicity）

A. 调整物体或环境的性能，使其在工作的各阶段都达到最优状态。

例如：①可调节的汽车方向盘；② 形状记忆合金；③ 自调节海绵床垫，可均匀托起身体的各个部位。

B. 分割物体，使其各部分可以改变相对位置。

例如：链条。

C. 如果一个物体整体是静止的，使之移动或可动。

例如：① 医疗检查所使用的胃镜和结肠镜；② 吸管具有柔性的自适应结构，可以随意弯折出合适的角度。

【案例 4-15】

例 1："可调节的后视镜设计"起着"第二只眼睛"的作用，扩大了驾驶者的视野范围。通过简单调节，驾驶者可以间接看清楚汽车后方、侧方和下方的情况。这个汽车的重要安全件，确保了车内外人的安全（见图 4-18）。

例 2：折叠椅、笔记本电脑都是通过分割物体的几何结构，引入铰接连接，使其各部分可以改变相对位置（见图 4-19）。

例 3：电焊条在焊接过程中可调整直径，以控制焊缝的大小（见图 4-20）。

图 4-18　可调节的后视镜

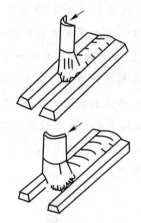

图 4-19　折叠椅　　　　　图 4-20　可调节直径的电焊条

原理 16　未达到或过度的作用原理(Partial or Excessive Actions)

如果所期望的效果难以百分之百实现时,稍微超过或稍微小于期望效果,会使问题大大简化。

例如:① 印刷时,喷过多的油墨,然后再去掉多余的,使字迹更清晰;② 为电参数设计适当的安全富余量;③ 汽车钢套的网状淬火,以提高使用寿命;④ 浇注用料,要稍微多于实际铸件的重量;⑤ 在装修房子处理墙壁时,往往要给毛坯墙上多抹一些腻子,用其将墙上小孔填平,然后打磨光滑除去多余部分,最终方可喷上漂亮的墙漆。

原理 17　多维化原理(Shift to New Dimension)

A. 将物体变为二维(如平面)运动以克服一维直线运动或定位的困难,或过渡到三维空间运动以消除物体在二维平面运动或定位的问题。

例如:① 螺旋楼梯可以减少所占用的房屋面积;② 波浪形的屋顶材料,不但刚度高而且质量轻;③ 用三角形改进框架结构的强度及稳定性。

B. 单层排列的物体,变为多层排列。

例如:① 多碟CD机;② 多用途建筑,如购物中心。

C. 将物体倾斜或侧向放置。

例如:原木直立排列存放。

D. 利用照射到临近表面或物体背面的光线。

例如:在暖房的上方放置一个大的太阳能反射器,可以强化暖房的效果。

E. 利用给定表面的反面。

例如:在集成电路板的两面都安装电子元件。

【案例 4-16】

例1:"五轴数控机床设计"的用途广泛,可以加工复杂曲面,可以在一次装夹定位的情况下加工多个曲面,保证精度,减少误差,可以节省加工时间,释放人工劳动力(见图4-21)。

例2:"立体停车场设计"充分利用空间,在有限的空间内可存放更多的车辆。立体停车场主要是使用了一套机械式自动升降的停车设备,分若干排,最高可以建造25层。司机把车辆停放在钢板上,机器自动将车辆升至适当的层面,再将车辆和钢板移到层面处。存放一辆车的时间一般不会超过两分钟。取车时,车主只要将卡交给工作人员,工作人员在设备上按车的卡位,再按启动,车就自动降到地面(见图4-22)。

例3:"垃圾自动卸载车设计",只需按动开关,车厢就会倾斜把车内垃圾倒出,十分便捷。

例4:印制电路板(PCB)经常采用两面都焊接电子元器件的结构,与单面安装电子元器件相比可节省面积。

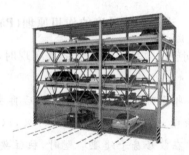

图4-21 五轴数控机床　　　　图4-22 立体停车场

原理18　机械振动原理(Mechanical Vibration)

A.使物体处于振动状态。

例如:① 电动剃须刀;② 振动棒的有效工作可避免水泥中的空穴。

B.如果已处于振动状态的物体,提高其振动的频率(直至超声振动)。

例如:① 通过振动分选粉末;② 振动送料器。

C.利用共振现象。

例如:① 利用超声共振消除胆结石或肾结石;② 利用共鸣腔加热氢燃料实现火箭自动点火。

D.用压电振动代替机械振动。

例如:① 压电微振传感器,进行微动测量;② 石英晶体振动驱动的高精度电子表。

E.超声波振动和电磁场耦合。

例如:在高频炉中可以更好地混合合金。

【案例4-17】

例1:"振动式剃须刀设计",通过内刀高速往复振动或旋转,与紧密贴合的网罩形成相对运动,实现剃须功能。

例2：超声波作用于液体中时，液体中每个气泡的破裂会产生能量极大的冲击波，相当于瞬间产生几百度的高温和高达上千个大气压，这种现象被称为"空化作用"。"超声波清洗机设计"，正是用液体中气泡破裂所产生的冲击波来达到清洗和冲刷工件内外表面的作用。

例3：音叉的叉臂由振动可发声，因其叉臂长短、粗细和质地的不同而在振动时发出不同频率的声音（见图4-23）。

例4："超声波加湿器"，采用现代超声波技术，使常温下的纯净水在超声空化的作用下，产生大量水分子的负离子和微米级水滴，这些负离子和微米级水滴可使室内空间的空气质量得以大幅度提高，犹如置身于森林中和瀑布旁。

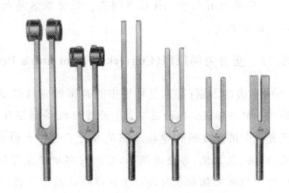

图4-23　音叉

原理19　周期性作用原理（Periodic Action）

A. 用周期性动作或脉冲，代替连续动作。

例如：① 松开生锈的螺母时，用间歇性大作用力比持续作用力更有效；② 脉冲淋浴要比连续喷水淋浴省水。③ 警车的警笛按照一定的节奏周期性鸣叫，避免了噪声过大，使人对其更加敏感。

B. 如果周期性的动作正在进行，改变其运动频率。

例如：① 可任意调节频率的电动按摩椅；② 用变幅值与变频率的报警器代替脉动报警器；③ 使用AM（调幅）、FM（调频）、PWM（脉宽调制）来传输信息。

C. 在脉冲周期中，利用暂停来执行另一有用动作。

例如：① 打鼓的鼓点和套路；② 在心肺呼吸（cardio-pulmonary respiration，CPR）中，每压迫胸部5次，呼吸1次。

原理20　有效持续作用原理（Continuity of Useful Action）

A. 物体的各个部分同时满载持续工作，以提供持续可靠的性能。

例如：①工厂里的倒班制；②对电梯运行状态连续在线检测——可以较好地优化售后服务。

B. 消除空闲和间歇性动作。

例如：①快速干燥油漆；②建筑或桥梁的某些关键部位必须连续浇注水泥，一气呵成；③喷墨打印机的打印头在回程也执行打印操作，避免空转，消除了间歇性动作；④当车辆停止运行时，飞轮或液压蓄能器储存能量，使发动机处在一个优化的工作点。

原理 21 减少有害作用的时间原理(Rushing Through)

将危险或有害的流程或步骤在高速下进行。

例如：①牙医使用高速电钻，避免烫伤口腔组织；②用 X 射线拍骨片；③快速切割塑料，在材料内部的热量传播之前完成，避免变形；④闪光灯是加强曝光量的方式之一，尤其在昏暗的地方，使用闪光灯有助于让景物更明亮。强光很容易灼伤眼睛，相机闪光灯通过高速闪烁，避免了对人眼的伤害。

原理 22 变害为利原理(Convert a Harm into a Benefit)

A. 利用有害的因素（特别是环境中的有害效应），得到有益的结果。

例如：①炉渣砖；②各种疫苗；③处理垃圾得到沼气或发电；④用火烧掉一部分植物，使之不再有害；⑤用有毒的化学物质保护木材不受昆虫的袭击，且不腐；⑥城市废纸多种多样，如旧报纸、旧书、包装纸、办公废纸等，它们对环境产生了一定的影响，用废纸做原料生产"再生纸"，既利用了垃圾又保护了环境；⑦在炸毁旧房子之前，为降低振动带来的灾害，先在房子周围挖一道深沟，爆炸时，振动波到达深沟即被反射回来从而抵消冲击波。

B. 将两个有害的因素相结合，进而消除它们。

例如：①在腐蚀性的溶液中添加缓冲剂；②城市垃圾焚烧发电装置，当液体通过管道时，会在管道内壁留下沉积物；③当酸性液体通过管道时会腐蚀管道内壁，让液体和酸性液体轮流从管道通过，就会同时解决两种问题。

C. 增大有害性的幅度，直至有害性消失。

例如：①"以火攻火"是森林灭火的方法之一，在林火区的外围放火，利用燃烧的林火产生的内吸力，使所放的火扑向林火方向烧去，把林火向外蔓延的火路烧断，以达到灭火的目的；② 在潜水中使用氮氧混合气，既消除氮气引起的昏迷，也消除空气或其他硝基混合物带来的氧中毒；③ 砂或碎石在冷天运输时会凝固变硬，加入液态氮使它过度凝固变脆从而可倾倒灌注。

原理 23 反馈原理(Feedback)

A. 在系统中引入反馈。

例如：①声控灯；②加工中心红外自动检测装置；③用于探测火与烟的热、烟传感器。

B. 如果已引入反馈，改变其大小或作用。

例如：①在机场 5mi 范围内，改变自动驾驶仪的灵敏度；②电饭煲根据食物的成熟度来自动加温或断电。

【例 4-18】

例1："汽车仪表盘设计"，帮助驾驶员了解汽车的速度、油的存量、水箱温度等重要信息，方便了司机的操作。

例2:"音乐喷泉设计",在程序控制喷泉的基础上加入了音乐控制系统,计算机通过对音频及 MIDI(Musical Instrument Digital Interface,乐器数字接口)信号的识别,进行译码和编码,最终将信号输出到控制系统,使喷泉的造型及灯光的变化与音乐保持同步,从而达到喷泉水型、灯光及色彩的变化与音乐情绪的完美结合,使喷泉表演更加生动、更加富有内涵。

原理 24 借助中介物原理(Mediator)

A. 使用中介物实现所需动作。

例如:① 木匠的冲钉器(见图 4-24),用在榔头和钉子之间;② 机械传动中的惰轮;③ 集邮时倘若直接用手拿取邮票,既容易使邮票损伤也容易污染邮票,镊子成为集邮爱好者的好帮手,通过这个中介物,拿取邮票变得干净、简单;④ 饭店的热水、热饭不易拿取,也容易将手烫伤,如果把上述物品放进托盘中,服务人员的工作效率就明显提高了;⑤ 如何在一复杂型体的内壁涂上防护涂层:将防护涂料混入加热气体并泵入该物体内部。

图 4-24 冲钉器

B. 把一物体与另一容易去除的物体暂时结合。

例如:① 捆扎物品的包装绳;② 管路绝缘材料;③ 化学反应中引入催化剂;④ 失蜡铸造法中的蜡模。

【案例 4-19】

例1:干显影机由带正电的绝缘球体构成,球体表面覆盖着带负电的颜料粒子,在显影过程中,颜料粒子受到隐含图像所带的更强的正电吸引而从绝缘球体上被吸附到相片层上。

例2:为了生产单层钻石盘(片),先将钻石粉密布于一层布上,再将粘了钻石粉的这层布粘在盘子上,然后将布通过丙酮腐蚀掉。

原理 25 自服务原理(Self-service)

A. 物体通过执行辅助或维护功能,为自身服务。

例如:① 自补充饮水机;② 汽车使用有修复缸体磨损作用的特种润滑油;③ 不倒翁玩具。

B. 利用废弃的能量与物质。

例如:① 利用热电厂余热供暖;② 太阳能、地能、水能的利用。

【案例 4-20】

例1:自动售货机能根据投入的钱币自动付货。它不受时间、地点的限制,能节省人力、方便交易。

例2："秸秆生物油"，可将秸秆等物质直接转化为生物油，精制提炼后可作为车用燃料使用。它可提供与柴油、重油同样的热量，价格却相当于柴油的43.2%，重油价格的63.1%，是一种非常好的绿色能源。

例3：水下呼吸器的气压是200 psi(1 psi＝72 Pa)，当空气到达潜水员肺部时，气压必须降至3～4 psi。为达到减压目的，将压缩空气传送到潜水员背部活动的助推器中，在减压的同时由于空气的排出，助推了潜水员的运动，使得水下运动的距离提高7倍。

原理26　复制原理(Copying)

A.用经过简化的廉价复制品，代替不易获得的、复杂的、昂贵的、不方便的或易碎的物品。
例如：① 虚拟驾驶游戏；② 仿真实验。
B.用光学复制品(图像)代替实物或实物系统，可以按一定比例放大或缩小图像。
例如：①地图是地形地貌的纸面复制；②医生用立体镜观察病人的三维图像，用CT图像代替人体；③通过测量物体阴影的长度计算物体的高度。
C.如果已使用了可见光拷贝，用红外线或紫外线替代。
例如：① 用B超代替X射线对病人进行检查，防止X射线对人体的伤害；② 红外报警系统。

【案例4-21】
例1：若想了解很多难以到达区域的情况，科学家们就可以通过卫星相片来进行科学研究。卫星相片很好地替代了实地考察。
例2：蚊子对紫外线的波长有特殊的敏感性。"紫外线杀蚊灯"就充分利用这一特性，成为蚊子的克星。

原理27　廉价替代品原理(Disposable Objects)

A.用若干便宜的物体代替昂贵的物体，同时降低某些质量要求(例如，工作寿命)。
例如：① 一次性餐具；② 一次性医疗用品；③ 用一种具有优良的使用性能、废弃后可被环境微生物完全分解、最终被无机化而成为自然界中碳素循环的一个组成部分的高分子材料制成的"一次性可降解饭盒"。

原理28　机械系统替代原理(Replacement of Mechanical System)

A.用光学系统、声学系统、电磁学系统或影响人类感觉的系统，代替机械系统。
例如：① 洗手间红外感应开关；② 用声音栅栏替代实物栅栏(如光电传感器控制小动物进出房间)；③ 在天然气中掺入难闻的气味给用户以泄露警告，而不用机械或电子的传感器。
B.使用与物体相互作用的电场、磁场、电磁场。
例如：① 静电除尘；② 火警系统报警时，该系统所控制的电磁装置打开门。
C.用运动场代替静止场，时变场代替恒定场，结构化场代替非结构化场。
例如：居住者能调节房间彩色光线的系统。

D. 把场与场作用和铁磁粒子组合使用。

例如:铁磁催化剂,呈现顺磁状态。

【案例 4-22】

例 1:为混合两种粉末,用产生静电的方法使一种产生正电荷,另一种产生负电荷。用电场驱动它们,或者先用机械方法把它们混合起来,然后使它们获得电场,导致粉末颗粒成对地结合起来。

例 2:在早期通信中采用全方位的发射,现在使用有特定发射方式的天线。

例 3:生产剖光形玻璃片的方法:在金属溶液表面放入玻璃水(玻璃水与金属液不互溶),用电磁波产生可控的波浪作用于金属溶液,这样就能使表面玻璃水形成波纹,进而做成波形的薄玻璃片。

原理 29　气压和液压结构原理(Pneumatics or Hydraulic Construction)

A. 将物体的固体部分,用气体或流体代替,如充气结构、充液结构、气垫、液体静力结构和流体动力结构等。

例如:① 液压电梯代替机械电梯;② 充气床垫;③ 木工使用的气动钉钉枪(压缩空气驱动);④ 减缓玻璃门开关速度的缓冲阻尼器。

原理 30　柔性壳体或薄膜原理(Flexible Shells or Thin Films)

A. 使用柔性壳体或薄膜代替标准结构。

例如:① 充气儿童城堡;② 使用膨胀的(薄膜)结构作为冬天里网球场上空的遮盖。

B. 使用柔性壳体或薄膜将物体与环境隔离。

例如:① 充气外衣;② 超市里包裹蔬菜和食品的保鲜膜。

【案例 4-23】

例 1:农业上,使用塑料大棚种菜(见图 4-25)。

例 2:透明医用胶带,在包扎好的情况下也能方便地观察伤口(见图 4-26)。

图 4-25　塑料大棚

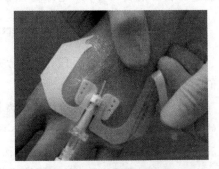

图 4-26　透明医用胶带

原理 31　多孔材料原理(Porous Materials)

A. 使物体变为多孔或加入多孔物体(如多孔嵌入物或覆盖物)。

例如：① 蜂窝煤；② 泡沫材料；③ 机翼用泡沫金属。

B.若物体已是孔结构，在小孔中事先填入某种物质。

例如：① 医用药棉；② 用多孔的金属网吸走接缝处多余的焊料。

【案例 4－24】

例1：在失重状态下，向液态金属中注入气体。此时，气泡既不"上浮"，也不"下沉"，而是均匀地分布在液态金属中。液态金属冷却凝固后，就成为像软木塞那样轻的泡沫金属。用泡沫金属做飞机的机翼，结实又轻便。

例2：竹纤维，其纤维横截面布满了椭圆形的孔隙，可以在瞬间吸收并蒸发大量的水分，人称竹纤维为"会呼吸"的、绿色环保的纺织面料。

原理32　颜色改变原理(Change the Color)

A.改变物体或环境的颜色。

例如：① 用不同的颜色（如红、黄、蓝、绿等）表示不同警报；② 在冲洗照片的暗房中使用红色暗灯。

B.改变物体或环境的透明度。

例如：① 随光线改变透明度的感光玻璃；② 确定溶液酸碱度的化学试纸。

C.在难以看清的物体中，使用有色添加剂或发光物质。

例如：① 利用紫外光识别伪钞；② 研究水流试验中，往水中加入颜料；③ 交通警察的警服通常添加明显标志和荧光粉，有利于警察在黑暗环境中的醒目和安全。

D.如果此种添加剂已被使用，可再运用发光追踪元素。

原理33　均质性原理(Homogeneity)

A.存在相互作用的物体，用相同材料或特性相近的材料制成。

例如：① 使用与容纳物相同的材料来制造容器，以减少发生化学反应的机会；② 用金刚石制造的钻石切割工具；③ 电源插头与插座外壳基本都使用塑料，便于绝缘，防止漏电伤人。

原理34　抛弃或再生原理(Rejecting and Regenerating Parts)

A.采用溶解、蒸发等手段，抛弃已完成功能的零部件，或在系统运行过程中，直接修改它们。

例如：① 火箭点火起飞后逐级分离抛弃；② 利用可降解作为支撑体培养生物；③ 药物胶囊的外壳起到包裹药粉的作用，进入体内后自行溶解；④ 制造大型橡胶球的方法：用粉笔和水的混合物做成球体，球体外覆盖橡胶，放入烤箱中烘烤后将粉笔溶化。

B.在工作过程中，迅速补充系统或物体中消耗的部分。

例如：① 水循环系统；② 割草机采用自动割草尼龙放松装置；③ 自动铅笔。

原理35　物理或化学参数改变原理(Transform the Physical/Chemical State)

A.改变对象的物理聚集状态（物态），例如在气态、液态和固态之间变化。

例如：① 将氧气液化,以减小体积便于运输,将二氧化碳制成干冰等；② 黏接代替机械铰接方法。

B. 改变对象的浓度、密度、黏度。

例如：① 采用不同黏度的润滑油；② 改变合成水泥的成分可改变其性能；③ 脱水的橘子粉比橘子汁更加便于运输和储存。

C. 改变柔度。

例如：① 链条锁使用更方便；② 用电流改变可调减振器代替轿车中不可调减振器；③ 硫化橡胶改变橡胶的柔性和耐用性。

D. 改变温度。

例如：① 为了保护动物标本,需将其降温；② 通过升高温度来加工食物（改变食物的味道、香味组织、化学性质等）；③ 烧制陶瓷。

原理 36　相变原理（Phase Transformation）

利用物质相变时产生的某种效应,如体积改变、吸热或放热。

例如：① 工业采用冰盐制冷；② 用干冰所产生的二氧化碳蒸汽制造舞台的烟雾效果。

【案例 4-25】

例如：利用相变材料吸热特性做成的降温服——选择合适的相变材料加入衣料中,将这些材料包裹在直径平均 500 纳米的微型胶囊内,放在衣物上,天气炎热的时候能将热能吸收,转冷的时候能放热,达到冬暖夏凉的目的。

原理 37　热膨胀原理（Thermal Expansion）

A. 利用材料的热膨胀或热收缩。

例如：① 加热外部件使之膨胀,装配完成后恢复；② 将热收缩薄膜包在产品外面,然后加热,薄膜遇热收缩而紧包产品,充分显示产品的外观；③ 当办公楼内起火时,自动喷淋系统顶端装有乙醚的玻璃顶针就会因受热而胀裂,让水自动喷出。

B. 组合使用不同热膨胀系数的几种材料。

例如：① 记忆合金,在一定温度下恢复到"原始形状"；② 双金属片合页能根据室内温度自动调节窗户的开口量；③ 热敏开关,两条粘在一起的金属片,由于两片金属的热膨胀系数不同,对温度的敏感程度也不一样,温度改变时会发生弯曲,从而实现温度控制。

原理 38　强氧化剂原理（Strengthen Oxidation）

A. 用富氧空气代替普通空气。

例如：为了获得更多的热量,焊枪里通入氧气,而不是用空气。

B. 用纯氧代替空气。

例如：使用氧气-乙炔火焰进行高温切割。

C. 将空气或氧气进行电离辐射。

例如：空气过滤器通过电离空气来捕获污染物。

D. 使用臭氧代替氧气。

例如：臭氧溶于水中去除船体上的有机污染物。

原理 39　惰性环境原理（Inert Environment）

A. 用惰性环境代替通常的环境。

例如：① 用氩气等惰性气体填充灯泡，做成霓虹灯；② 为防止炽热灯丝的失效，让其置于氩气中；③ 用泡沫隔离氧气，起到灭火的作用；④ 将阻燃材料添加到泡沫状材料构成的墙体中。

B. 使用真空环境。

例如：悬挂系统中的阻尼器。

原理 40　复合材料原理（Composite Materials）

用复合材料代替均质材料。

例如：① 复合的碳纤维高尔夫球杆更轻，强度更好，而且比金属更具有柔韧性；② 玻璃纤维制成的冲浪板更轻，更容易控制，与木制品相比更容易做成各种不同的形状；③ 用植物纤维与废塑料加工而成的复合材料，可用来代替木制产品作托盘、包装箱、建筑材料等。

【案例 4-26】

例如：饮用水净化器。

一杯咖啡（3 美元）的价格就可以拯救一条生命。生命吸管（Lifestraw）是一种获取饮用水的吸管装置，由瑞士维斯特格德·弗兰德森公司（Vestergaard Frandsen）研制，它使用 7 种过滤器，包括网丝、活性炭和碘，能净化 185 加仑的水，足够一个人的饮用。它能预防饮用水引发的疾病，如伤寒和痢疾，在发展中国家，这些疾病每年至少夺去 200 万人的生命。该装置也能为飓风、地震或其他灾难的受害者提供安全的饮用水。它还可以成为人们周末外出旅游随身携带的方便的"用具"。生命吸管里所使用的过滤器，就是复合材料原理的应用。

思 考 题

1. 请简要说明发明原理的作用和价值。

2. 以下都是利用物理或化学参数改变原理（No.35）解决过程问题的实例，请说明其中蕴含的道理以及优势：① 固体酱油；② 肥皂和洗手液；③ 压缩饼干。

3. 请说明以下案例都运用了哪些发明原理：

(1) 用细管蘸着洗衣粉水在窗口吹出小泡，测定风的方向和大小。

(2) 电灯泡加上很薄的橡胶层可以耐高压。

(3) 阶梯教室前排到后排依次提高座位高度，使每位同学都能看到黑板。

(4) 在冬天来临之前，在排水管里穿进一根绳子，冰柱中的绳子可有效防止冰柱滑落，保证其渐渐地消融。

(5) 飞机机翼的形状可以减小机翼上面空气的密度，增加机翼下面空气的密度，从而飞起来。

4.请为以下发明原理各举一个应用案例：No.2 抽取原理；No.16 未达到或过度的作用原理；No.31 多孔材料原理；No.32 颜色改变原理；No.37 热膨胀原理；No.33 均质性原理。

5.请列举出不少于 10 个运用 No.7 嵌套原理的典型案例。

参 考 文 献

[1] 赵锋. TRIZ 理论及应用教程[M]. 西安：西北工业大学出版社，2010.
[2] 张武城. 技术创新方法概论[M]. 北京：科学出版社，2009.
[3] 赵新军. 技术创新理论及应用[M]. 北京：化学工业出版社，2004.

第5章
发明问题中的矛盾及其解决方法

人们在解决各种发明问题的过程中,最为有效的解决方案就是解决技术难题中的矛盾(有时也称作"冲突")。矛盾是客观社会中普遍存在的现象,对矛盾的认识以及如何解决矛盾问题是 TRIZ 理论中非常重要的基础思想之一。

TRIZ 理论认为,发明问题的核心是解决矛盾。TRIZ 理论认为发明创新以及产品进化的过程就是克服和解决矛盾的过程。并且认为,在产品因前一个矛盾的解决而获得进化后,产品的进化又将出现停滞不前的现象,直到另一个矛盾被解决。矛盾的产生及其解决不仅是人类社会发展的动力,也是技术发展与革新的动力。

TRIZ 理论将常见的矛盾分为三种:管理矛盾、技术矛盾和物理矛盾(成思源,2014)。管理矛盾指为了避免某些现象或希望取得某些结果,需要做一些事情,但不知如何去做。管理矛盾本身具有暂时性,无启发价值,不能表现出问题的解的可能方向。因此,TRIZ 理论主要考虑的是后两类矛盾,即技术矛盾和物理矛盾。本章将对发明问题中的技术矛盾、物理矛盾及其解决的流程和方法进行论述。

5.1 技术矛盾与物理矛盾

5.1.1 技术矛盾与物理矛盾的概念

阿奇舒勒在分析发明专利过程中发现,尽管技术系统的问题无限多,但是描述、定义问题的"问题模型"不多,解决问题的"解决方案模型"也不多,能够定义出问题模型并找到解决方案模型的问题,都可以称为"标准问题"。TRIZ 中的发明问题模型共有四种形式:技术矛盾、物理矛盾、物-场问题、知识使能问题。与其对应的 TRIZ 工具也有四种:矛盾矩阵、分离原理、标准解法系统以及知识与效应库,见表 5-1。本章主要探讨技术矛盾和物理矛盾,其他内容参见其他相关章节。

表 5-1 技术系统问题模型、解决工具及方案模型

问题模型	解决问题工具	解决方案模型
技术矛盾	矛盾矩阵	发明原理
物理矛盾	分离原理	发明原理
物-场	标准解系统	标准解
知识使能	知识库与效应库	方法与效应

马克思哲学认为,事物发展的源泉和动力是矛盾。矛盾是反映事物内部对立和统一关系的哲学范畴,矛盾就是对立统一。

在 TRIZ 理论中,阿奇舒勒认为,大量发明所面临和需要解决的问题正是矛盾。在把 TRIZ 词汇从俄文翻译成英文时,也有人把"矛盾"翻译成"冲突"。TRIZ 的出发点是借助于经验,通过对问题的定性描述来发现系统中的矛盾。借助于矛盾的发现,TRIZ 就能够解决工程技术系统中如何做的问题。技术系统中存在两种矛盾:技术矛盾和物理矛盾。

1. 技术矛盾

技术矛盾是我们最常见的矛盾。人们常说"慢工出细活",其意思是活要干得精细,干活的速度就要慢。反过来,干活的速度太快,活的精度就不高了。"干活速度"是我们希望提高的,而"活的精度"降低是我们不希望看到的结果,所以"干活速度"和"活的精度"就成为一对技术矛盾。

简而言之,技术矛盾是指在一个技术系统中两个参数之间的矛盾。为了"改善"技术系统的某个参数,导致该技术系统的另一个参数发生"恶化"而产生的矛盾,可用符号(A+,B−)或(A−,B+)来表示两个参数的关系。

例如,汽车速度提高了(A+),汽车的安全性必然降低了(B−)。提高"速度(A)"参数时,就导致了"安全性(B)"参数的恶化,这就构成了两个参数(速度 A 和安全性 B)的矛盾。再如,为了增强桌子的强度,就需要加厚桌面和桌腿,这势必会导致桌子重量的增加。提高"强度"参数时(A+),就导致了"重量"参数的恶化(B−),这也构成了两个参数(强度和重量)的矛盾,即技术矛盾。

解决技术矛盾的传统方法,就是在多个技术需求之间寻求"折中"与"妥协",也就是"优化设计",但每一个参数都不可能达到最佳值。而 TRIZ 理论则是努力寻求突破性解决方案,以"无折中设计"来彻底消除技术矛盾。技术矛盾可通过阿奇舒勒矛盾矩阵表中推荐的发明原理得到解决。

2. 物理矛盾

物理矛盾是技术系统中一种常见的、更难以解决的矛盾。物理矛盾是在一个技术系统中同一个参数的矛盾(可用符号 A+,A− 来表示一个参数的关系)。如自行车在使用时面积要足够大,以方便骑乘;在停放或携带时面积要小,以便不占用空间。自行车面积既要大又要小,这就构成同一参数(面积)的矛盾。伞在使用时面积要大,以便遮阳避雨;在不用时面积要小,以便收纳。伞的面积既要大又要小,这也构成了同一参数(面积)的矛盾。上述两例中所说的矛盾即物理矛盾。物理矛盾可用分离原理和发明原理解决。

5.1.2 技术矛盾与物理矛盾的区别

技术系统中的技术矛盾是由系统中矛盾的物理性质造成的;矛盾的物理性质是由元件相互排斥的两个物理状态确定的;而相互排斥的两个物理状态之间的关系是物理矛盾的本质。物理矛盾与系统中某个元件有关,是技术矛盾的原因所在。对于同一个技术问题来说,技术矛盾和物理矛盾是从不同的角度、在不同的深度上对同一个问题的不同表述,在很多时候,技术矛盾是更显而易见的矛盾,而物理矛盾是隐藏得更深入、更尖锐的矛盾。技术矛盾与物理矛盾

的区别具体表现在以下四个方面(成思源,2014):

(1)技术矛盾是整个技术系统中两个参数(特性和功能)之间的矛盾,物理矛盾是技术系统中某一个元件的一个参数(特性、功能)相对立的两个状态。

(2)技术矛盾涉及的是整个技术系统的特性,物理矛盾涉及的是系统中某个元素的某个特征的物理特性。

(3)物理矛盾比技术矛盾更能体现问题的本质。

(4)物理矛盾比技术矛盾更"激烈"一些。

5.2 技术矛盾及其解决方法

5.2.1 39个通用工程参数

阿奇舒勒对大量专利详细研究后发现,所有发明问题,包括工程技术问题都可以通过一些"参数"之间的矛盾来描述。但是如果把世界上各行各业的工程参数都罗列出来的话就太多了,不具备较强的可操作性。因此,阿奇舒勒对数量众多的工程参数进行了归纳和一般化处理,最终确定了39个能够表达几乎所有发明问题中的矛盾的"通用工程参数"。

利用这39个通用工程参数可以描述工程系统中出现的绝大部分技术问题。通用工程参数是连接具体问题与TRIZ的桥梁,是打开问题大门的"第一把钥匙"。39个通用工程参数及其解释见表5-2。

表5-2 39个通用工程参数及其解释

编号	参数名称	解释
1	运动物体的质量	重力场中的运动物体作用在阻止其自由下落的支撑物上的力,重量也常常表示物体的质量
2	静止物体的质量	重力场中的静止物体作用在阻止其自由下落的支撑物上或者放置该物体的表面上的力,重量也常常表示物体的质量
3	运动物体的长度	运动物体上的任意线性尺寸,而不一定是自身最长的长度。它不仅可以是一个系统的两个几何点或零件之间的距离,而且可以是一条曲线的长度或一个封闭环的周长
4	静止物体的长度	静止物体上的任意线性尺寸,而不一定是自身最长的长度。它不仅可以是一个系统的两个几何点或零件之间的距离,而且可以是一条曲线的长度或一个封闭环的周长
5	运动物体的面积	运动物体被线条封闭的一部分或者表面的几何度量,或者运动物体内部或者外部表面的几何度量。面积是以填充平面图形的正方形个数来度量的,如面积不仅可以是平面轮廓的面积,也可以是三维表面的面积,或一个三维物体所有平面、凸面或凹面的面积之和

续 表

编号	参数名称	解释
6	静止物体的面积	静止物体被线条封闭的一部分或者表面的几何度量,或者静止物体内部或者外部表面的几何度量。面积是以填充平面图形的正方形个数来度量的,如面积不仅可以是平面轮廓的面积,也可以是三维表面的面积,或一个三维物体所有平面、凸面或凹面的面积之和
7	运动物体的体积	以填充运动物体或者运动物体占用的单位立方体个数来度量。体积不仅可以是三维物体的体积,也可以是与表面结合、具有给定厚度的一个层的体积
8	静止物体的体积	以填充静止物体或者静止物体占用的单位立方体个数来度量。体积不仅可以是与表面结合、具有给定厚度的一个层的体积
9	速度	物体的速度或者效率,或者过程、作用与完成过程、作用的时间之比
10	力	系统间相互作用的度量。在经典力学中,力是质量与加速度之积。在TRIZ中,力是试图改变物体状态的任何作用
11	应力、压强	单位面积上的作用力,也包括张力。如,房屋作用于地面上的力;液体作用于容器壁上的力;气体作用于气缸-活塞上的力。压力也可以来表示无压强(真空)
12	形状	一个物体的轮廓或外观。形状的变化可能表示物体的方向性变化,或者表示物体在平面和空间两种情况下的形变
13	对象的稳定性	物体的组成和性质(包括物理状态)不随时间改变而变化的性质,它表示了物体的完整性或者组成元素之间的关系。磨损、化学分解及拆卸都代表稳定性的降低,而增加物体的熵,则是增加物体的稳定性
14	强度	物体受外力作用时,抵制使其发生变化的能力
15	运动物体的作用时间	运动物体具备其性能或者完成作用的时间、服务时间以及耐久时间等。两次故障之间的平均时间,也是作用时间的一种度量
16	静止物体的作用时间	静止物体具备其性能或者完成作用的时间、服务时间以及耐久时间等。两次故障之间的平均时间,也是作用时间的一种度量
17	温度	物体所处的热状态,反映在宏观上系统热动力平衡的状态特征,也包括其他的热学参数,比如影响温度变化速率的热容量
18	照度	照射到物体某一表面上的光通量与该表面面积的比值,也可以理解为物体的适当亮度、反光性和色彩等
19	运动物体的能量消耗	运动物体完成指定功能所需的能量,其中也包括超系统提供的能量。在经典力学中,能量指作用力与距离的乘积
20	静止物体的能量消耗	静止物体完成指定功能所需的能量,其中也包括超系统提供的能量。在经典力学中,能量指作用力与距离的乘积
21	功率	物体在单位时间内,完成的工作量或者消耗的能量
22	能量损失	无用功消耗的能量。为减少能量损失,有时需要应用不同的技术手段,来提高能量利用率

续 表

编号	参数名称	解释
23	物质损失	物体在材料、物质、部件或者子系统上,部分或全部、永久或临时的损失
24	信息损失	系统数据或者系统获取数据部分或全部、永久或临时的损失,经常也包括气味、材质等感性数据
25	时间损失	一项活动延续时间、改善时间的损失,一般指减少活动内容时所浪费的时间
26	物质的量	物体(或系统)的材料、物质、部件或者子系统的数量,它们一般能被全部或部分、永久或临时地改变
27	可靠性	物体(或系统)在规定的方法和状态下,完成指定功能的能力。可靠性常常可以被理解为无故障操作概率或无故障运行时间
28	测量精度	对系统特性的测量结果与实际值之间的偏差程度,减小测量中的误差可以提高测量精度
29	制造精度	所制造的产品在性能特征上,与技术规范和标准所预定内容的一致性程度
30	作用于对象的有害因素	环境或系统对于物体的(有害)作用,它使物体的功能参数退化
31	对象产生的有害作用	使物体或系统的功能、效率或质量降低的有害作用,这些有害作用一般来自物体或者与其操作过程有关的系统
32	可制造性	物体或系统在制造过程中的方便或者简易程度
33	操作流程的方便性	操作过程中,如果需要的人数越少,操作步骤越少,以及所需工具越少,同时又有较高的产出,则代表方便性越高
34	可维修性	一种质量特性,包括方便、舒适、简单、维修时间短等
35	适应性、通用性	物体或系统积极响应外部变化的能力;或者在各种外部影响下,具备以多种方式发挥功能的可能性
36	系统的复杂性	系统元素及其相互关系的数目和多样性。如果用户也是系统的一部分,将会增加系统的复杂性。人们掌握该系统的难易程度是其复杂性的一种度量
37	控制和测量的复杂度	控制或者测量一个复杂系统,需要高成本、较长时间和较多人力去完成。如果系统部件之间关系太复杂,也使得系统的控制和测量困难。为了降低测量误差而导致成本提高,也是一种测试复杂度增加的度量
38	自动化程度	物体或系统,在无人操作的情况下,实现其功能的能力。自动化程度的最低级别,是完全的手工操作方式。中等级别,则需要人工编程,根据需要调整程序,来监控全部操作过程。而最高级别的自动化,则是由机器自动判断所需操作任务、自动编程和自动对操作监控
39	生产率	在单位时间内,系统执行的功能或者操作的数量;或者完成一个功能或操作所需时间,以及单位时间的输出;或者单位输出的成本等

上述通用工程参数都有固定的编号,39个通用工程参数可分为三大类,即通用物理几何参数、通用技术负向参数和通用技术正向参数,见表5-3。

表5-3 39个通用工程参数的分类表

通用物理几何参数		通用技术负向参数		通用技术正向参数	
编号	参数	编号	参数	编号	参数
1	运动物体的质量	15	运动物体的作用时间	13	对象的稳定性
2	静止物体的质量	16	静止物体的作用时间	14	强度
3	运动物体的长度	19	运动物体的能量消耗	27	可靠性
4	静止物体的长度	20	静止物体的能量消耗	28	测量精度
5	运动物体的面积	22	能量损失	29	制造精度
6	静止物体的面积	23	物质损失	32	可制造性
7	运动物体的体积	24	信息损失	33	操作流程的方便性
8	静止物体的体积	25	时间损失	34	可维修性
9	速度	26	物质的量	35	适应性、通用性
10	力	30	作用于对象的有害因素	36	系统的复杂性
11	应力、压强	31	对象产生的有害作用	37	控制和测量的复杂度
12	形状			38	自动化程度
17	温度			39	生产率
18	照度				
21	功率				

所谓负向参数,是指这些参数变大时,系统或子系统的性能变差。如某一系统为完成指定的功能时,所消耗的能量(No.19和No.20)越大,则说明该系统设计越不合理。

所谓正向参数,是指这些参数变大时,系统或子系统的性能变好。例如系统的可制造性(No.32)指标越高,则这个系统设计越合理,因为其制造成本可能更低。

5.2.2 技术矛盾的描述

在实际问题分析过程中,为了用"两个参数之间的矛盾"来表达系统存在的问题,需要选择两个恰当的"通用工程参数"。工程参数的选择是一个难度较大的工作,不仅需要拥有关于技术系统的较为全面的专业知识,还要对以上39个通用技术参数的正确理解。在技术系统中,改善的参数和恶化的参数构成了技术系统内部的技术矛盾。创新的过程也就是消除这些矛盾,让相互矛盾的参数不再相互制约,最好能同时得到"改善",实现"双赢",从而推动产品或相关技术系统向提高理想度的方向发展。

在用通用工程参数来描述技术矛盾时,一般可以用"如果采取了方案M,那么A+,但是B-"来描述,其中M是采取的一般的技术解决方案,A是希望改善的参数,B是恶化的参数。

有时候为了验证该技术矛盾描述得是否正确,还可以采取与方案 M 相反的技术方案 M⁻,看看是否出现 B+,A− 的情况,否则技术矛盾的定义可能存在问题。该方法可用表 5-4 来进一步说明。

表 5-4 用通用参数来描述技术矛盾的方法

	技术矛盾	检验技术矛盾
如果	采取技术方案 M	采取与 M 相反的技术方案(M⁻)
那么	参数 A 得到改善(A+)	参数 B 得到改善(B+)
但是	参数 B 发生恶化(B−)	参数 A 发生恶化(A−)

【案例 5-1】

对于一张木制桌子,我们希望这张桌子更加结实牢固,采取的一般技术方案是:增加桌子木材用料,让桌面板更厚,让桌子腿更粗。由此产生的技术矛盾描述如下:

技术矛盾:

如果"采用增加桌子木材用料的方法",那么桌子的强度(编号为 14 的通用工程参数)得到改善(A+),但是桌子的质量(编号为 2 的通用工程参数)恶化(B−);

对该技术矛盾进行检验:

如果"采用减少桌子木材用料的方法",那么桌子的质量(编号为 2 的通用工程参数)得到优化(B+),但是桌子的强度(编号为 14 的通用工程参数)更加恶化(A−);

经验证,技术矛盾的描述(定义)是正确的。

5.2.3 阿奇舒勒矛盾矩阵表

为了提高解决技术矛盾的效率,弄清具体在什么情况下使用哪些发明原理,阿奇舒勒将 39 个通用工程参数和 40 条发明原理有机地联系起来,建立起对应关系,整理成 39×39 的矛盾矩阵表,作为解决技术矛盾的工具。表 5-5 为阿奇舒勒矛盾矩阵表局部,全表可参见附录 2 阿奇舒勒矛盾矩阵表。

表 5-5 阿奇舒勒矛盾矩阵表(局部)

改善的通用工程参数	恶化的通用工程参数	1 运动物体的质量	2 静止物体的质量	3 运动物体的长度	4 静止物体的长度	…
1	运动物体的质量			15,08 29,34		
2	静止物体的质量				10,01 29,35	
3	运动物体的长度	15,08 29,34				
4	静止物体的长度		35,28 40,29			
⋮						

在矩阵表中,"列"所代表的工程参数,是系统需要"改善"的参数的名称;"行"所描述的工程参数,是系统改善的参数的同时"导致恶化"了的另一个参数的名称。在1 521个方格里,其中1 263个方格中都有相应的几个数字。每个用逗号隔开的数字,就是TRIZ理论推荐的解决技术矛盾的"40个发明原理"的序号。

45°对角线的方格,是同一工程参数对应的方格,同一参数的矛盾是物理矛盾。物理矛盾的解决方法,将在5.4节详细介绍。

5.2.4 技术矛盾的解决方法及步骤

在发明过程中,面对技术矛盾时,通过分析可以从39个通用工程参数中选择某两个参数,并以这两个参数之间的矛盾来表示技术系统目前存在的问题,再用阿奇舒勒矛盾矩阵去寻找推荐的发明原理,根据推荐的原理进一步设计解决方案,最终就可以解决问题。图5-1所示为技术矛盾的解决流程。

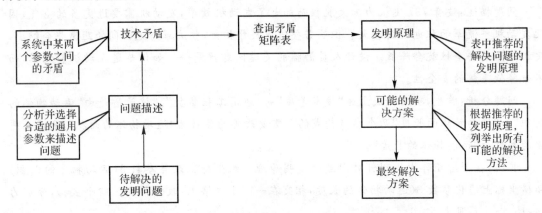

图5-1 技术矛盾解决流程

应用阿奇舒勒矛盾矩阵解决技术矛盾,可按照以下步骤来进行:

(1)确定技术系统名称以及技术系统的主要功能。

(2)构建系统功能模型(具体方法参见本书第3章)。

(3)确定并筛选技术系统应改善的特性以及被恶化的特性。在提升改善特性的同时,必然会带来其他一个或多个特性的恶化。被恶化的特性属于尚未发生,所以在筛选并确定这些恶化的特性时,需要"大胆设想,小心求证"。

(4)对通用工程参数的矛盾进行描述。将应改善的以及恶化的特性用39个通用工程参数中的某2个进行重新描述。欲改善的工程参数和随之被恶化的工程参数形成了"矛盾"。如果确定矛盾的工程参数是同一参数,则属于物理矛盾(在5.4节将详细说明)。

(5)对矛盾进行反向描述,以验证系统矛盾描述的正确性。

(6)查找阿奇舒勒矛盾矩阵,得到所推荐的发明原理。将推荐的发明原理逐个应用于具体的问题上,探讨每个原理在具体问题上如何应用和实现,由此将获得多个可能的解决方案。

(7)如果所查找的发明原理都不适用于具体的问题,需要重新定义工程参数和矛盾,再重复步骤(3)~(6),重新确定系统矛盾并获得新的推荐的发明原理。

(8) 筛选出最理想的解决方案,并将其转化为具体的解决方法。

对于一些目标明确、很容易就可以定义出系统矛盾的发明问题,可以略过步骤(1)和(2),直接从步骤(3)开始,并按照如图 5-1 所示的技术矛盾解决流程进行发明问题的求解。

需要说明的是,对于某一个确定的问题,可以预先采取不同的常规解决方法,以获得(或者激发)系统中的矛盾。在不同的常规解决方法下,有可能会产生不同的参数间的矛盾,进而获得不同的发明原理,最终解决问题的方法也可能会不同(如本章 5.3 节案例 2)。以上情况的发生,也说明了 TRIZ 理论解决问题的灵活性。

5.3 技术矛盾解决案例

案例 1 波音 737 飞机发动机整流罩改进设计

问题描述:波音 737 飞机为加大航程而加大了发动机效率,发动机需要进更多的空气,因此发动机整流罩面积也需要加大。但倘若整流罩尺寸扩大,整流罩与地面间的距离将会缩小,飞机起降的安全性就会降低。设计人员面临的关键问题就是——如何改进发动机整流罩,而不致降低飞机的安全性。

问题分析:首先,确定形成上述"技术矛盾"的"通用工程参数"。该矛盾是由"运动物体的面积"和"运动物体的长度"两个参数构成的。需要改善的参数为"运动物体的面积",会因此恶化的参数为"运动物体的长度"。

其次,在矛盾矩阵中找到针对问题的发明原理。纵坐标上改善参数 5(运动物体的面积)和横坐标上恶化参数 3(运动物体的长度)相交在一个小方格上,我们得到了四个数据,分别为14,15,18,04,见表 5-6。

表 5-6 应用矛盾矩阵表求解波音 737 飞机发动机整流罩改型问题

改善的通用 工程参数 \ 恶化的通用 工程参数	1 运动物体 的质量	2 静止物体 的质量	3 运动物体 的长度	4 静止物体 的长度	5 运动物体 的面积
1 运动物体的质量			15,08 29,34		29,17 38,34
2 静止物体的质量				10,01 29,35	
3 运动物体的长度	15,08 29,34				15,17 04
4 静止物体的长度		35,28 40,29			
5 运动物体的面积	02,14 29,04		14,15 18,04		

依据查表结果,可以找到相对应的四个发明原理,即 No.04 增加不对称性原理,No.14 曲面化原理,No.15 动态特性原理以及 No.18 机械振动原理。

然后,将推荐的四个发明原理逐个应用到具体问题上,探讨每个发明原理在该问题上是否有效,见表 5-7。

表 5-7 发明原理与波音 737 飞机发动机整流罩问题的关联性

发明原理名称	与问题的关联性
04.增加不对称性原理	对解决问题有效
14.曲面化原理	对解决问题无效
15.动态特性原理	对解决问题无效
18.机械振动原理	对解决问题无效

最后,分析总结出最佳解决方案。根据表 5-7 我们得出"04.增加不对称性原理"可以解决存在的技术矛盾。将飞机整流罩做成不对称的扁平形状,纵向的尺寸不变,横向尺寸加大。这样,飞机整流罩的面积虽然加大了,但整流罩与地面的距离仍保持不变,因而飞机的安全性不会受到影响(见图 5-2)。

图 5-2 波音 737 飞机发动机整流罩改进设计最终方案

案例 2 安全便捷的信封设计

问题描述:在拆信封时,如果我们直接撕开,那么容易损坏内部的文件,快但不安全可靠。如果我们用剪子、刀子等辅助工具拆开,那么往往要先摇晃信封,使信内文件避开要拆的位置,安全可靠但不方便。如何方便快捷、安全可靠地拆开信封,取出里面的文件或资料,是设计人员面临的关键问题。

问题分析:确定形成上述技术矛盾的通用工程参数。

对于第一种情景,即采取"直接撕开,快但不安全可靠"这一常规方法,可以将系统问题定义为"时间损失(需要改善的参数)"和"可靠性(会因此恶化的参数)"两个参数间的矛盾。据此在矛盾矩阵表中找到相应的发明原理,见表5-8,得到了三个发明原理,分别为 No.10,No.30 和 No.04。

对于第二种情景,即采用"用剪子、刀子等辅助工具拆开,安全可靠但不方便"这一常规方案,可以将系统问题定义为"可靠性(需要改善的参数)"和"操作流程的方便性(会因此恶化的参数)"两个参数间的矛盾。据此在矛盾矩阵表中找到相应的发明原理,见表5-9,得到了三个发明原理,分别为 No.27,No.17 和 No.40。

表5-8 采用第一种常规方案后的系统矛盾及其求解

改善的参数	恶化的参数	…	24 信息损失	25 时间损失	26 物质的量	27 可靠性
23	物质损失			15,18 35,10	06,03 10,24	10,29 39,35
24	信息损失			24,26 28,32	24,28 35	10,28 23
25	时间损失	35,18 10,39	24,26 28,32		35,38 18,16	10,30 04
26	物质的量	06,03 10,24	24,28 35	35,38 18,16		18,03 28,40
…						

表5-9 采用第二种常规方案后的系统矛盾及其求解

改善的参数	恶化的参数	29 制造精度	30 作用于对象的有害因素	31 对象产生的有害作用	32 可制造性	33 操作流程的方便性
23	物质损失	35,10 24,31	33,22 30,40	10,01 34,29	15,34 33	32,28 02,24
24	信息损失		22,10 01	10,21 22	32	27,22
25	时间损失	24,26 28,18	35,18 34	35,22 18,39	35,28 34,04	04,28 10,34
26	物质的量	33,30	35,33 29,31	03,35 40,39	29,01 35,27	35,29 10,25
27	可靠性	11,32 01	27,35 02,40	35,02 40,26		27,17 40

原理分析：依照上述两组数据，可以找到相对应的发明原理（见表5-10）。解决矛盾一的发明原理有No.10预先作用原理，No.30柔性壳体或薄膜结构原理以及No.04不对称原理。解决矛盾二的发明原理为No.27一次性用品替代原理，No.17多维化原理以及No.40复合材料原理。然后，将推荐的发明原理逐个应用到具体问题上，探讨每个发明原理在该问题上是否有效。

表5-10 发明原理与信封问题的关联性

常规方案	发明原理名称	与问题的关联性
采用第一种常规方案 （矛盾1）	04.增加不对称性原理	对解决问题无效
	10.预先作用原理	对解决问题有效
	30.柔性壳体或薄膜原理	对解决问题无效
采用第二种常规方案 （矛盾2）	17.多维化原理	对解决问题无效
	27.廉价替代品原理	对解决问题无效
	40.复合材料原理	对解决问题有效

解决方案：最后，分析总结出最佳解决方案，如图5-3所示。根据表5-10我们得出"10.预先作用原理"和"40.复合材料原理"可以解决存在的技术矛盾。设计一种带有"撕带"的安全便捷的信封，就可以很轻松地拆开信封。拆信时，人们只要轻轻一拉"预先存在"的另一种材料"撕带"，就可以拆开信封。内部的文件和资料不会损坏，且信封也保持了整洁。

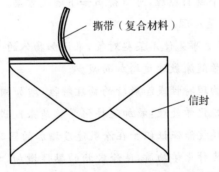

图5-3 改进后的设计方案——安全便捷信封

案例3 纺织工艺流程的改进

问题描述：纺织印涂工艺过程中，织物要经过印涂辊进行印涂。印涂辊的结构中，有一个存放涂敷混合物的料槽。涂敷混合物是一种乳液状的黏着剂。凹版印辊的表面是一些雕刻好的印刷单元，它的一半浸在料槽里面的涂敷混合物中，当凹版印辊转动的时候，印辊表面上那些雕刻好的印刷单元在槽中被涂上涂料。这些涂料经过一个修理铲的休整，印辊表面多余的涂层被清除，被清除的涂敷混合物回到料槽中被再次利用。印辊休整后，与一个向下扎压的橡皮辊相遇。织物就是从这两个辊之间通过，织物在印辊和橡皮辊之间受到扎压。在扎压的过程中,会产生一个微小的真空。涂敷混合物由于真空的吸合而离开印涂辊,涂在织物的表面。这个特殊的涂敷过程使布料表面产生涂层,因而不再用浸泡织物的方法来产生涂层。经过这个工艺的织物含有湿涂层,接着该织物被卷入到加热的干燥罐中进行脱水,这样涂层就黏着在织物的面上。涂敷生产过程如图5-4所示。印涂辊的结构由以下几部分组成:橡皮辊、凹版印辊、涂敷混合物、修理铲以及织物。

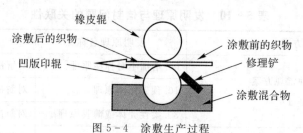

图5-4 涂敷生产过程

问题分析:系统存在的技术矛盾是,在这个操作中,机器的速度提高了,但是涂层的重量减轻了。我们需要的是一种方法在增加涂敷速度的同时提供足够的涂层重量。因此,使系统提高的参数是"速度",由此带来的使系统恶化的参数是"运动物体的重量"。理想化目标是增加涂敷速度的同时使织物有足够厚的涂层。

原理分析:通过查阅阿奇舒勒矛盾矩阵表,得出最可能解决该矛盾的四个创新原理,分别是No.11事先防范原理,No.35物理或化学参数改变原理,No.27廉价替代品原理以及No.28机械系统替代原理。

解决方案:应用以上四个创新原理,可以得出如下解决方案。

(1)应用No.11事先防范原理。

建议:在改进过程中,通过事先使用某些对策,来增加物体的可靠性。

要解决的问题:涂层重量随涂敷速度增加而减少。

解决方向:改变织物的物理特性或涂敷物的物理特性,增加相互间的吸附能力。

解决方案:①对织物进行化学处理:添加某种化学物质来改进织物的湿面特性,织物增加了对涂敷物的吸附能力,这样就能保证织物在涂敷速度增加的同时吸附上更多的涂敷物;②对涂敷物进行化学处理:添加某种化学物质,使涂敷物的黏性增加,更利于涂敷物在织物的表面吸附。

(2)应用No.35物理或化学参数改变原理。

建议:改变物体的各种状态参数,如改变物体的密度、弹性程度或温度等。

要解决的问题:涂层重量随涂敷速度增加而减少。

解决方向:改变织物的组成或改变涂敷物的物理特性。

解决方案:如果织物改为100%的棉织物,织物能成功地吸附涂敷物,这是由于棉纤维固有的棉芯吸附特性,但这样的改变将会完全改变我们的最终产品。这种改变,既改变最终产品的物理特性(抗张强度、延展性和手感),又改变织物本身的成本(100%的棉织物比棉/化纤比例为50/50的合成纤维织物昂贵得多)。

在织物的涂敷过程之前,可应用预热方法使织物在涂敷过程中吸收涂敷物。预热方法有利于织物的干燥,也有利于涂敷物的吸收。加热涂敷物之后,涂敷物的黏度会降低,从而优化了涂敷物的流体特性,更利于涂敷物从涂敷部件转移到织物上。

(3) 应用 No.27 廉价替代品原理。

建议:以廉价的东西代替昂贵的东西,这个方案可改进现存的系统,但不能解决系统中的根本问题。

要解决的问题:涂层重量随涂敷速度增加而减少。

解决方向:更换部件,用更好的部件来完成涂敷过程。

解决方案:将钢性修理铲用一个便宜的塑料铲来替代。从专利中我们发现,塑料铲更可靠,并适合更好的涂敷重量控制。

(4) 应用 No.28 机械系统替代原理。

建议:用一个光学系统、声学系统或气味的系统来代替机械系统,即更换物质场。

要解决的问题:涂层重量随涂敷速度增加而减少。

解决方向:改变或改善系统的作用场。

解决方案:当前的捏合辊,在涂敷过程中,会在织物上形成压力,它有一个硬橡皮层,印辊则是由坚固的钢制造的。因为辊的橡皮相当硬,当它和印辊接触时没有弹性,这就使橡皮辊和印辊间的接触面积较小。当压力一定时,如果使用一个更软一点、更富有弹性的橡皮辊,橡皮辊和印辊之间的接触面积将增加,这将增加织物吸附涂敷物的滞留时间。印辊得到的机械压力来自啮合辊,啮合辊也可用一个充气辊来代替,充气辊是中空的辊,可通过中间充气或放气来增加辊的硬度。

最终解决方案:

通过理论上的分析,我们利用创新原理,最终解决了问题,即使用更软一点的辊,涂层重量大大增加了,涂敷速度就可以在一定范围内增加。根据研究结果,改变原来的硬度为90(邵氏硬度)的橡皮辊,取而代之的是硬度为60(邵氏硬度)的软一点的橡皮辊。期望总涂层重量大约为 2.50 oz./yd^2(盎司/平方码)。以前以 30 yd/min(码/分钟)速度运行涂层重量大约 2.35 oz./yd^2(盎司/平方码)。改变辊的硬度后,取得了非常满意的效果,问题得到了有效的解决。

案例4 菲利普灯泡的创新设计

问题描述:Philips 公司开发的小型荧光灯(Compact Fluorescent Lamp,CFL)是白炽灯良好的替代产品。它具有省电,使用寿命长,易回收再利用和环保的优点。荧光灯的发光原理是,荧光灯管里充满了水银蒸气,灯管内壁涂有荧光剂,水银蒸气受高压电激发使电子跳脱出来,部分电子撞击荧光剂后发出白光。在长期使用的情况下,荧光灯往往亮度变弱。这是由于真空玻璃管吸收水银蒸气,造成管中的水银蒸气不断减少。这不仅削弱了荧光灯的亮度,而且缩短了荧光灯的寿命。由此可见,如果管内水银蒸气量过少,会降低荧光灯工作的可靠性,使产品在市场上缺乏竞争力。由于对真空玻璃管的水银吸收率缺乏真实的统计数据,以及不精确的制造技术,传统的荧光灯往往填充过量的水银蒸气,造成了物质上的浪费。如果荧光灯管破损,大量的水银蒸气释放出来,对环境和人体的损害是非常大的。但是,降低管内的水银蒸气量会增加电能的耗费,因为为了保证亮度,需要增加能量以激发出更多的电子。

问题分析:系统存在的技术矛盾有,为了保证荧光灯亮度的稳定性,就不得不增加水银蒸气的量;减少水银蒸气的量,有利于环境保护,但降低了荧光灯工作的可靠性;减少水银蒸气的量,有利于环境保护,但增加了能量的耗费。

根据以上分析,共有三种常规解决方法,可以定义以下三组技术矛盾:

(1)采取第一种常规方案:减少水银蒸气的量(优化的参数:No.2 静止物体的重量),但荧光灯工作的可靠性降低(恶化的参数:No.27 可靠性),将其定义为矛盾1。

(2)采取第二种常规方案:减少水银蒸气的量(优化的参数:No.2 静止物体的重量),但需要耗费更多的电能(恶化的参数:No.22 能量损失),将其定义为矛盾2。

(3)采取第三种常规方案:减少水银蒸气的量,有利于环境保护(优化的参数:No.30 作用于对象的有害因素),但荧光灯使用的能量增加了(恶化的参数:No.20 静止物体的能量消耗),将其定义为矛盾3。

原理分析:对这三组技术矛盾分别查找阿奇舒勒矛盾矩阵表,得到多个创新原理,经进一步分析筛选,分别选择以下发明原理。

(1)针对矛盾1,最终选择创新原理为 No.28 机械系统替代原理。解决方案:用高频的电磁场来打破这个玻璃囊。

(2)针对矛盾2,最终选择创新原理为 No.07 嵌套原理。解决方案:在真空管的里面内嵌一个玻璃囊。

(3)针对矛盾3,最终选择创新原理为 No.37 热膨胀原理。解决方案:利用金属线和玻璃囊的热膨胀系数的不同释放水银蒸气。

最终解决方案:经过计算满足性能要求的最小剂量的水银蒸气被密封在玻璃囊中。在玻璃囊的内壁上嵌着金属线圈。该玻璃囊被内嵌在真空管的一端。荧光灯被制造出来后,通过一个高频的电磁场来加热玻璃囊。由于玻璃囊和金属线圈的热膨胀系数不一样,使得金属线圈能够切断玻璃囊,释放出水银蒸气。同一般的荧光管相比,用这种新的制造技术,至少可以减少 75% 的水银含量,减少了对环境的污染。

案例5 开口扳手的改良设计

问题描述:在生活、工作中经常需要用扳手松动或拧紧螺栓、螺母。由于扳手受力集中在螺栓的2条棱边,棱边容易变形而造成扳手打滑。要想避免打滑,扳手的开口尺寸需要做到合适,在确保可卡入螺栓头的前提下,扳手开口与螺栓头之间的间隙要尽可能小。通过增加受力面来减少对棱角的磨损,需要提升制造精度,但这样会提高制造成本。

问题分析:首先,确定形成上述"技术矛盾"的"通用工程参数"。该矛盾是由"对象产生的有害作用"和"制造精度"两个参数构成的。需要改善的参数为"No.31 对象产生的有害作用",会因此恶化的参数为"No.29 制造精度"。

原理分析:查找阿奇舒勒矛盾矩阵表,得到推荐的四个发明原理,分别为 No.4 增加不对称性原理, No.17 多维化原理, No.26 复制原理以及 No.34 抛弃或再生原理。在此基础上探讨每个发明原理在该问题上是否有效,见表5-11。

表 5-11　发明原理与扳手问题的关联性

发明原理名称	与问题的关联性
04.增加不对称性原理	对解决问题有效
17.多维化原理	对解决问题有效
26.复制原理	对解决问题无效
34.抛弃或再生原理	对解决问题无效

最终解决方案：根据表 5-11 我们得出，No.17 多维化原理和 No.04 增加不对称性原理可以解决存在的技术矛盾。开口扳手设计中，在扳手卡口内侧壁开几个弧，此时扳手的作用力作用在螺栓的棱面上，有效地保护了棱角。图 5-5 所示的设计方案就是基于该原理的实际产品，该设计为美国专利（US Patent 5406868）。

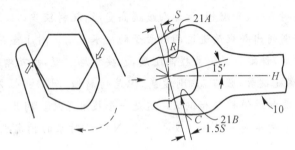

图 5-5　改进后的设计方案

案例 6　新型排污管道的设计

随着国家环境保护力度的加大，传统的水泥管正在逐步退出市场，20 世纪 90 年代后期，新型替代产品即各类环保排水管材开始在工程上应用。在排污管道领域，应用较多的是塑料管，如 PVC 双壁波纹管、PE 双壁波纹管以及 HDPE 缠绕结构壁管等（见图 5-6）。近几年，采用欧洲瑞士与美国技术制作的镀锌螺旋钢管（见图 5-7）开始进入国内市场，广泛应用于通风、雨水管道系统中，由于受防腐性能限制，还没有大量进入污水管道工程。（王传友，2009）

图 5-6　塑料排污管道
(a)PVC 双壁波纹管；　(b)PE 双壁波纹管；　(c)HDPE 缠绕结构壁管

图 5-7 螺旋钢管

问题描述：分析以上两类管材的性能差别，主要是由于材质不同，两类管材在性能上具有的优势不同，镀锌螺旋钢管的优点是环刚度较大，耗材较少，其不足是防腐性能一般，并且不耐磨损；塑料管的优点是耐腐蚀、耐磨损，但环刚度提高受限，耗材较多。

问题分析：首先分别列出寻求改进这两种管子的技术矛盾。对于塑料管，耐腐蚀，耐磨损，但是径向刚度低，易变形，稳定性差。要提高刚度，就要加厚管壁，也就增加了材料。这是一个技术矛盾。对于镀锌螺旋钢管，强度高，刚度高，但是耐腐蚀、耐磨损性差，也就是稳定性差。要提高耐腐耐磨性，就要加厚镀锌层和钢板。这是一个技术矛盾。因此，无论选择哪种类型的管子进行分析，其技术矛盾都是一致的。改善一方：No.13 对象的稳定性；恶化一方：No.2 静止物体的重量。

原理分析：从矛盾矩阵表上查得创新原理 No.26 复制原理，No.39 惰性环境原理，No.1 分割原理以及 No.40 复合材料原理。显然可以选取"No.40 复合材料"作为排污塑料管的创新原理。

最终解决方案：要使用复合材料，用什么材料复合呢？一目了然，就是用塑料与钢材复合，做成塑钢复合管。这就将创新原理"复合材料"转换成一个创新方案。具体的方法为，在镀锌钢板的两面上熔融粘贴塑料片，再以此复合板材为原料，在专用设备上加工成复合管（见图 5-8）。此项技术工艺为国内领先，该产品填补了国内污水管的空白。这是黑龙江省推广应用 TRIZ 后，企业取得的一项可喜的成果，该产品填补了国内塑钢复合排污管的空白。

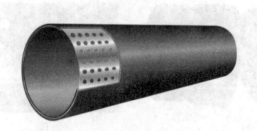

图 5-8 塑钢复合管

5.4 物理矛盾及其解决方法

阿奇舒勒对物理矛盾的定义是，一个技术系统中由表述系统性能的同一个参数具有相互排斥（相反的或不同）需求所构成的矛盾，即当矛盾中"改善的通用工程参数"和"恶化的通用工程参数"是同一个参数时，就属于物理矛盾。

物理矛盾可表述为，技术系统要求某一参数性质为 A＋，同时又要求这一参数性质为 A－。例如在同一个室内有人希望温度高，有人希望温度低。这对室内的温度这个参数就有了两个不同的要求。再如，为了容易起飞，飞机的机翼应有较大的面积，但为了高速飞行，机翼又应有较小的面积，这种要求机翼具有大的面积与小的面积同时存在的情况，对于机翼的设计就是物理矛盾，解决该矛盾是机翼设计的关键。与技术矛盾相比，物理矛盾是一种更尖锐的矛盾，设计中必须解决。相对于技术矛盾，物理矛盾是一种更突出、不容易解决的矛盾。常见的物理矛盾见表 5-12。

表 5-12 常见物理矛盾的互斥特性举例

几何类物理矛盾	材料及能量类物理矛盾	功能类物理矛盾
"长"与"短"	"多"与"少"	"疏通"与"堵塞"
"对称"与"非对称"	密度"大"与"小"	"推"与"拉"
"平行"与"不平行"	传导率"高"与"低"	"热"与"冷"
"薄"与"厚"	温度"高"与"低"	"快"与"慢"
"圆"与"非圆"	时间"长"与"短"	"移动"与"静止"
"宽"与"窄"	黏度"高"与"低"	"软"与"硬"
"水平"与"垂直"	功率"大"与"小"	"强"与"弱"
"尖"与"钝"	摩擦力"大"与"小"	成本"高"与"低"
…	…	…

前面介绍的阿奇舒勒矛盾矩阵中，45°对角线的方格都是空的，没有推荐的发明原理。这些方格对应"行"和"列"的工程参数是同一个，因此都是物理矛盾。

技术矛盾和物理矛盾反映的都是技术系统的参数属性。技术矛盾是技术系统中两个参数之间的矛盾。物理矛盾是技术系统中同一个参数对立的两个状态。

技术矛盾和物理矛盾是相互联系的。技术系统中的技术矛盾是由系统中矛盾的物理性质造成的。矛盾的物理性质是由元件相互排斥的两个物理状态确定的。而相互排斥的两个物理状态之间的关系是物理矛盾的本质。由此可见，技术矛盾和物理矛盾是相互联系并可以相互转化的。

5.4.1 物理矛盾的描述

将技术系统中的问题转化为物理矛盾是非常重要的。如何准确描述和定义问题中的物理

矛盾,对问题最终解决十分关键。物理矛盾的描述形式如下:

技术系统(或子系统)的某参数 A 必须 M+,因为 X;但同时,参数 A 又不许 M-,因为 Y。

其中 M+和 M-分别代表参数 A 的相反的取值。X 和 Y 分别代表参数 A 取 M+和 M-的原因或取 M+和 M-后可以达到的效果。在物理矛盾的描述过程中,由于问题的复杂性增加,"参数"的选择可能会超出 39 个通用工程参数。在物理矛盾中,我们更加关注参数的"互斥特性",而非参数本身。

例如,我们希望手机的屏幕大,这样浏览网页更加清楚;同时我们又希望手机的屏幕小一些,这样携带起来更方便。针对这一问题,对手机这一技术系统的物理矛盾描述如下:

(1)手机屏幕的尺寸(A)需要大(M+),因为可以看得清楚。

(2)但同时,尺寸(A)需要小(M-),因为可以便于携带。

例如,卡车需要车身坚固从而能承载更多的货物。因此,卡车需要用大量的钢材来制造更大更结实的车身。但这样会使车身重量加重,在行驶过程中需要耗费更多的燃油。如果将这一问题用上一节讲过的"技术矛盾"进行定义,可以描述为 39 个通用工程参数中"强度"和"运动物体的重量"之间的矛盾。如果要用物理矛盾来定义的话,则需要找到某一个有对立要求的参数,例如可以从卡车车身的"材料密度"这一参数来定义该问题的物理矛盾,并描述如下:

(1)卡车车身材料的密度(A)必须高(M+),因为这样可以使车身坚固并运输重的货物。

(2)但同时,卡车车身材料的密度(A)必须低(M-),因为这样可以节省卡车运输所需的燃油。

该物理矛盾的描述也可以采取表格的形式(见表 5-13)。

表 5-13 用表格的形式定义物理矛盾

步骤	结果
(1)确定问题相关组件及其参数(A)	系统组件:卡车车身 参数:材料的密度(A)
(2)确定该参数的正向取值,指定要求的作用、物理状态或参数值。用"必须""应该"等描述	必须:高
(3)说明该正向取值的目的(X)。用"因为这样可以……"进行描述	因为这样可以使车身坚固并运输重的货物
(4)但同时	但同时
(5)确定问题相关组件及其参数(A),同第(1)步	系统组件:卡车车身 参数:材料的密度(A)
(6)确定该参数的逆向取值,指定要求的作用、物理状态或参数值。用"又必须"、"又应该"等描述	又必须:低
(7)说明该正向取值的目的(Y)。用"因为这样可以……"进行描述	因为这样可以节省卡车运输所需的燃油

5.4.2 解决物理矛盾的分离原理

解决物理矛盾的核心思想是实现矛盾双方的分离,解决问题的模式如图5-9所示。

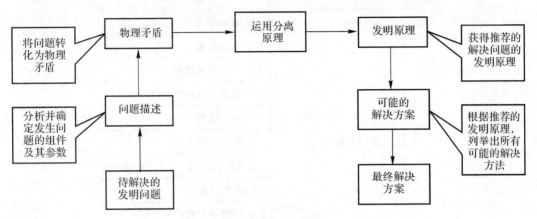

图5-9 物理矛盾解题模式

现代TRIZ理论在总结解决物理矛盾方法的基础上,提炼出了四个"分离原理",包括空间分离、时间分离、条件分离和整体与部分分离(见图5-10)。下面将对这四种分离原理分别进行具体介绍。

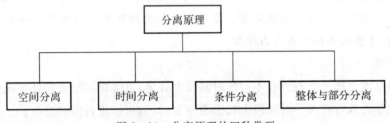

图5-10 分离原理的四种类型

1. 空间分离

空间分离原理是指矛盾双方(同一参数的两个相反的需求)在空间上处于不同的地点,可以让系统在不同的地点具备相应的特性以满足不同的需求。当关键子系统的矛盾双方在某一空间中只出现一方时,可以进行空间分离。

例如,伞的发明。春秋时期巧匠鲁班在乡间为百姓做活,日晒雨淋很辛苦。妻子云氏突发奇想:"要是随身有个小亭子带上就好了。"鲁班听了妻子的话,茅塞顿开。这位本领高强、无所不能的中国发明大王依照亭子的样子,裁了一块布,安上活动骨架,装上把儿,于是世界上第一把"伞"就这样问世了。"收拢如棍,张开如盖",用空间分离的原理很好地解决了伞在"用的时候大,不用的时候小"的物理矛盾。

用声呐探测器在海面上进行海底测量时,若将声呐探测器安装在船上的某一部位,船上的各种干扰会影响测量精度;如果通过电缆连接,将声呐探测器置于距船千米之外,声呐探测器和船内的各种干扰在空间上予以分离,从而会使测试精度获得大幅度提高。

如果确定可以使用空间分离解决物理矛盾的话,可以进一步尝试表5-14中的发明原理,这些发明原理有助于实现物理矛盾的空间分离。

表 5-14 有助于实现空间分离的发明原理

分离原理	发明原理
空间分离	01. 分割原理
	02. 抽取原理
	03. 局部质量原理
	04. 增加不对称性原理
	07. 嵌套原理
	13. 反向作用原理
	14. 曲面化原理
	17. 多维化原理
	24. 借助中介物原理
	26. 复制原理
	30. 柔性壳体或薄膜原理

【案例 5-2】

当老师讲课时，需要教竿长一些，方便使用。课后希望教竿短一些，便于携带。我们就用"嵌套原理"较好地解决了这个物理矛盾。使用教竿和收纳教竿在空间可以分离，把教竿设计成嵌套形状，就可根据不同空间自由伸缩。

2. 时间分离

时间分离原理是把矛盾双方在不同的时间段上分离，以解决问题或降低解决问题的难度。当关键子系统矛盾双方在某一时间段上只出现一方时，就可以进行时间分离。

例如：折叠自行车，如图 5-11(a)所示。当自行车行驶时，体积要大、方便使用；在携带、存放时，体积要小、方便收纳。折叠自行车用时间分离原理很好地解决了自行车在"用时大，不用时小"的物理矛盾。

舰载飞机的机翼大一些，这样有更好的承载能力，提供更大的升力；但机翼小一些，可以在航空母舰有限的面积上放更多的飞机。用时间分离原理可以解决这个物理矛盾。飞机在航母上机翼可折叠存放，在飞行时飞机机翼打开，如图 5-11(b)所示。

(a)

(b)

图 5-11 折叠自行车和舰载飞机

如果确定可以使用时间分离解决物理矛盾的话,可以进一步尝试表 5-15 中的发明原理,这些发明原理有助于实现物理矛盾的时间分离。

表 5-15 有助于实现时间分离的发明原理

分离原理	发明原理
时间分离	09. 预先反作用原理
	10. 预先作用原理
	11. 事先防范原理
	15. 动态特性原理
	16. 未达到或过度的作用原理
	18. 振动原理
	19. 周期性作用原理
	20. 有效持续作用原理
	21. 减少有害作用的时间原理
	26. 复制原理
	34. 抛弃或再生原理
	37. 热膨胀原理

【案例 5-3】

在把混凝土桩打入地基的过程中,人们希望桩头比较锋利,以便使桩容易进入地面。同时又不希望桩头过于锋利,因为在桩到达位置后,锋利的桩头不利于桩承受较重的负荷。"预先作用原理"较好地解决了这个物理矛盾。在混凝土桩的导入阶段,采用锋利的桩头将桩导入。到达指定的位置后,将桩头分成两半或采用预先内置的爆炸物破坏桩头,使得桩可以承受较大的载荷(见图 5-12)。

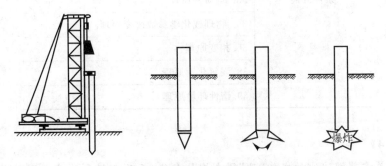

图 5-12 打入桩施工与混凝土打桩头

3. 条件分离

条件分离原理是将矛盾双方在不同的条件下分离,以解决问题或降低解决问题的难度。当关键子系统的矛盾双方在某一条件下只出现一方时,可以进行条件分离。

例如,水射流。水射流可以是软质物质,用于洗澡按摩;也可以是硬质物质,用来切割金属。水射流既是"软的"也是"硬的",取决于水流的速度,能满足在不同的场合使用。

厨房中使用的水池箅子(见图5-13),对于水而言是多孔的,允许水流过;而对于食物而言是刚性的,不允许食物通过。

图 5-13 水池箅子

如果确定可以使用条件分离解决物理矛盾的话,可以进一步尝试表5-16中的发明原理,这些发明原理有助于实现物理矛盾的条件分离。

表 5-16 有助于实现条件分离的发明原理

分离原理	发明原理
条件分离	28.机械系统替代原理
	29.气压和液压结构原理
	31.多孔材料原理
	32.颜色改变原理
	33.均质性原理
	35.物理或化学参数改变原理
	36.相变原理
	38.强氧化剂原理
	39.惰性环境原理

【案例 5-4】

跳水运动员希望游泳池的水能"硬"得支撑住身体,而不会撞到池底。同时也希望游泳池的水足够"软",减轻水对身体的冲击伤害。游泳池的水既要"硬"又要"软"。"物理或化学参数改变原理"较好地解决了这个物理矛盾。在游泳池内打入气泡,让水的平均密度降低,水就变得更"柔软"(见图5-14)。

图 5-14 有气泡的游泳池

4. 整体与部分分离

整体与部分分离原理是将矛盾双方在不同的层次分离,以解决问题或降低解决问题的难度。当矛盾双方在关键子系统的层次只出现一方,而该方在子系统、系统或超系统层次内部出现时,可以进行整体与部分分离。

例如市场的需求有两种情况:一种是大众化的产品,要求生产线大批量的连续生产来满足市场需求,这是主体;而个性化的消费需求也是一种潮流,这部分需求也要满足。采用零库存、准时生产原理的柔性生产线能满足两种需求。

对于自行车链条来说,各个零部件(链条上的每一个链接)是刚性的,但是系统在整体上(链条)是柔性的,如图 5-15 所示。

图 5-15 链条的局部与整体特征

如果确定可以使用整体与部分分离解决物理矛盾的话,可以进一步尝试表 5-17 中的发明原理,这些发明原理有助于实现物理矛盾的整体与部分分离。

【案例 5-5】

为了能保持通话,听筒和电话机身必须连在一起,可人们在通话时不能随意走动,非常不方便。听筒与机身连在一起保证了通话,但听筒与机身连在一起使用不便。"机械系统替代原理"较好地解决了这个物理矛盾。无绳电话用电磁场连接,代替了听筒与机身之间的电线连接。听筒(部分)与电话机身(整体)分离,接听电话不再受"线"的限制。

表 5-17 发明原理解决物理矛盾

分离原理		发明原理
整体与部分分离	转换到子系统	01. 分割原理
		05. 组合原理
		12. 等势原理
		25. 自服务原理
		40. 复合材料原理
		33. 均质性原理
	转换到超系统	06. 多功能性原理
		22. 变害为利原理
		23. 反馈原理
	转换到竞争性系统	27. 廉价替代品原理
	转换到相反系统	08. 重量补偿原理
		13. 反向作用原理

5.4.3 解决物理矛盾的通用工程参数法

在经典 TRIZ 理论中,解决技术矛盾的阿奇舒勒矩阵表是由 39 个通用工程参数和 40 个发明原理组成的一个 39×39 的矩阵。在此矩阵表中,表示物理矛盾(同一个参数的矛盾)的主对角线上的位置是空白的。

2003 年,美国科技人员在引入 TRIZ 理论的基础上,对约 1 500 万件专利加以分析、研究、总结、提炼和定义,在 39 个通用工程参数的基础上又增加了 9 个通用工程参数,同时,将经典 TRIZ 的 40 个发明原理扩充到了 77 个。在此基础上,阿奇舒勒矛盾矩阵表(1970 矛盾矩阵表)也由原来的 39×39 的矩阵扩充为 48×48 的矩阵,尤其值得一提的是,在这个新的矛盾矩阵表(国内外 TRIZ 研究者将其称为"2003 矛盾矩阵表")中不再出现有空格,物理矛盾与技术矛盾的求解同时在矛盾矩阵表中显现。该表不仅为解决技术矛盾,同时也为解决物理矛盾提供了有序、快速和高效的方法。

本书在经典 TRIZ 理论的基础上,结合美国学者的研究成果,将"2003 矛盾矩阵表"中与解决物理矛盾相对应的创新原理列举出来,即单独把"2003 矛盾矩阵表"对角线上的创新原理与对应的通用工程参数摘录下来,形成如表 5-18 所示的通用工程参数与创新原理的对应表,专门用来解决物理矛盾。这样,除了 4 种分离,解决物理矛盾又多一个通用工程参数法,使思路更加开阔,方法更加多样化。

表 5-18 物理矛盾相应的通用工程参数与创新原理对应表

通用工程参数	可用于解决由该参数引起的物理矛盾的发明原理
1. 运动物体的重量	35,28,31,08,02,03,10
2. 静止物体的重量	35,31,13,17,02,40,28
3. 运动物体的长度	17,01,03,35,14,04,15
4. 静止物体的长度	17,35,03,28,14,04,01
5. 运动物体的面积	05,03,15,14,01,04,35,13
6. 静止物体的面积	17,35,03,14,04,01,28,13
7. 运动物体的体积	35,03,28,01,07,15,10
8. 静止物体的体积	35,03,02,28,31,01,14,04
9. 速度	28,35,13,03,10,02,19,24
10. 力	35,03,13,10,17,19,28
11. 应力、压强	35,03,40,17,10,02,09,04
12. 形状	03,35,28,14,17,04,07,02
13. 对象的稳定性	35,24,03,40,10,02,05
14. 强度	35,40,03,17,09,02,28,14
15. 运动物体的作用时间	03,10,35,19,28,02,13,24
16. 静止物体的作用时间	35,03,10,02,40,24,01,04
17. 温度	35,03,19,02,31,24,36,28
18. 照度	35,19,32,24,13,28,01,02
19. 运动物体的能量消耗	35,14,28,03,02,10,24,13
20. 静止物体的能量消耗	35,03,19,02,13,01,10,28
21. 功率	35,19,02,10,28,01,03,15
22. 能量损失	35,19,03,02,28,15,04,13
23. 物质损失	25,10,03,28,24,02,13
24. 信息损失	24,10,07,25,03,28,02,32
25. 时间损失	10,35,28,03,05,24,02,18
26. 物质的量	35,03,31,01,10,17,28,30
27. 可靠性	35,03,40,10,01,13,28,04
28. 测量精度	28,24,10,37,26,03,32
29. 制造精度	03,10,02,25,28,35,13,32
30. 作用于对象的有害因素	35,24,03,02,01,40,31
31. 对象产生的有害作用	35,03,25,01,02,04,17

续表

通用工程参数	可用于解决由该参数引起的物理矛盾的发明原理
32. 可制造性	01,35,10,13,28,03,24,02
33. 操作流程的方便性	25,01,28,03,02,10,24,13
34. 可维修性	01,13,10,17,02,03,35,28
35. 适应性、通用性	15,35,28,01,03,13,29,24
36. 系统的复杂性	28,02,13,35,10,05,24
37. 控制和测量的复杂度	10,25,37,03,01,02,28,07
38. 自动化程度	10,13,02,28,35,01,03,24
39. 生产率	10,35,02,01,03,28,24,13

5.5 物理矛盾解决案例

如何实现矛盾双方的分离,是解决物理矛盾的关键。对同一个物理矛盾运用不同的分离原理可以得到不同的问题解决方法。

案例1 十字路口的物理矛盾及其解决

问题描述:随着城市的发展,车的数量也在激增,在道路交叉处设置十字路口也成为必然。十字路口方便了车辆行驶,使人们更快捷地到达目的地。十字路口的存在,也造成了车辆相互碰撞的可能,带来了很多安全隐患。

问题分析:首先,十字路口的存在,就是我们面临的物理矛盾。其次,可以用四个分离原理来解决这个矛盾。

原理分析及解决方案:

(1)运用空间分离原理解决十字路口问题。前面我们介绍了与空间分离原理相关的发明原理有10个(见表5-14)。"空间维数变化原理"就能较好地解决这个物理矛盾。搭建立交桥、地下通道就能使车辆和人安全、快捷地顺畅通行(见图5-16)。

(2)运用时间分离原理解决十字路口问题。与时间分离原理相关的发明原理有12个(见表5-15)。"预先作用原理"就能较好地解决这个物理矛盾。预先在十字路口安装上红绿灯,让人、车分时通过(见图5-17)。

(3)用条件分离原理解决十字路口问题。与条件分离原理相关的发明原理有13个(见表5-16)。"曲面化原理"就能较好地解决这个物理矛盾。在十字路口中心设置圆形转盘,四个方向的车流到达路口后,均进入转盘,形成减速和分流(见图5-18)。

(4)整体与部分分离原理解决十字路口问题。与整体与部分分离原理相关的发明原理有9个(见表5-17)。"等势原理"就能较好地解决这个物理矛盾。将十字路口设计成两个"丁字"路口,延缓一个方向的行车速度,加大与另一个方向的避让距离,从而缓解交通压力(见图5-19)。

图 5-16 立交桥

图 5-17 红绿灯

图 5-18 十字路口的圆形转盘

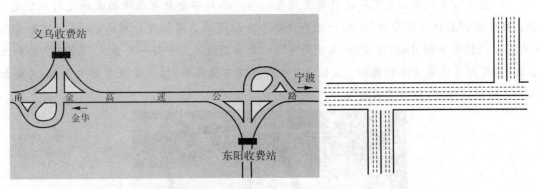
图 5-19 两个"丁字"路口

案例 2 老年人眼镜的创新设计

问题描述:很多中老年人,近视的同时眼睛也老花了。看近距离的物体时,需要屈光度高。看远处时,需要屈光度低。如何让这些人既能看清近处,又能看清远处是我们面临的问题。

问题分析:首先,屈光度就是我们面临的物理矛盾。因此,可以用四个分离原理来解决这个矛盾。

原理分析及解决方案:

(1) 运用空间分离原理解决屈光度问题。与空间分离原理相关的发明原理有 10 个。其中,"分割原理"可以较好地解决这个物理矛盾。其方案为:在同一镜片上有两种屈光度。矫正远距离视力的屈光度数在镜片上方,矫正近距离视力的屈光度数在镜片下方(见图 5-20)。其优点是同一镜片同时包括远、近两个屈光度数,可交替看远近物体,而不用更换眼镜。缺点是看远部分和看近部分之间有明显的分隔线,看近处的部分相对较小,因此视野受到一定限制。

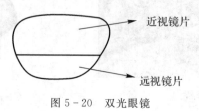

图 5-20 双光眼镜

(2) 运用时间分离原理解决屈光度问题。与时间分离原理相关的发明原理有 12 个。其中"预先作用原理"能较好地解决这个物理矛盾。其方案为:准备两副眼镜,一副是老花镜,一副是近视镜。其优点是简单地解决了该问题,使用现有产品就可。缺点是两副眼镜来回更换,十分不便。

(3) 用条件分离原理解决屈光度问题。与条件分离原理相关的发明原理有 13 个。经分析,"组合原理"能较好地解决这个物理矛盾。在眼镜的玻璃中间夹一层很薄的液体结晶,并缚上一个电极环。电极能调配镜头的调焦功率,使镜片在瞬间达到最理想的视觉效果。其优点是视野范围不受限制,缺点是整体结构复杂且成本较高。

(4) 整体与部分分离原理解决屈光度问题。与整体与部分分离原理相关的发明原理有 9 个。经分析,"复合材料原理"能较好地解决这个物理矛盾。将镜片分成两层,进行组合使用(见图 5-21)。单镜片(凹透镜)独立使用时可以看清楚近处。当另一个镜片(凸透镜)叠加上来时,就可以看清楚远处的物体。其优点是视野范围不受限制,缺点是镜片结构复杂,需要加入一定的机械结构,所以不够轻便。

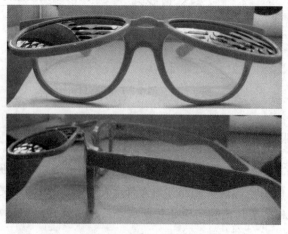

图 5-21 双层眼镜

5.6 将技术矛盾转化为物理矛盾

一般情况下,技术矛盾都可以转化成物理矛盾。技术矛盾是一方改善同时引起另一方恶化的矛盾,它涉及两个方面,是技术系统两个参数之间的矛盾;物理矛盾是对一个元件、一个参数提出两种相反要求的矛盾,只涉及一个元件、一个参数。

当解决技术矛盾遇到麻烦时,可将技术矛盾转化为物理矛盾。例如,为了提高子系统 Y 的效率,需要对子系统 Y 加热,但是加热会导致其邻近子系统 X 的降解,这是一对技术矛盾。同样,这样的问题可以用物理矛盾来描述,即温度既要高又要低。高的温度提高 Y 的效率,但是恶化 X 的质量;而低的温度不会提高 Y 的效率,也不会恶化 X 的质量。所以技术矛盾与物理矛盾之间是可以相互转化的,利用它们之间的这种转化机制,我们可以将一个冲突程度较低的技术矛盾转化为一个冲突程度较高的物理矛盾,进而显著地缩小解决方案搜索的范围和候选方案的数目。下面举例说明技术矛盾向物理矛盾的转化。

【案例 5-6】

(1)在 5.3 节案例 1 中,经分析,飞机发动机系统的技术矛盾可以定义为:"运动物体的面积"和"运动物体的长度"两个参数之间的矛盾。需要改善的参数为"运动物体的面积",会因此恶化的参数为"运动物体的长度"。如果将飞机发动机进气罩的技术矛盾转化为物理矛盾,则可以定义为:进气罩直径要加大,以增加进气量;又不能加大直径,以保证罩下沿的对地距离。要大又不能大,这是一个物理矛盾。

(2)管道法兰盘(见图 5-22)螺栓多,为了密封性能好,有的法兰盘螺栓多达 100 多个,装卸非常麻烦。在这个问题中,需要提高(改善)密封性能,但是装卸的效率恶化了,这是一个典型的技术矛盾。将法兰盘系统的技术矛盾转化为物理矛盾,则可以定义为:法兰盘的螺栓要多,密封好;螺栓要少,拆卸方便。既要多又要少,这是一个物理矛盾。

图 5-22 管道法兰盘

思 考 题

1. 什么是技术矛盾？解决技术矛盾的目的是什么？技术矛盾的解决方法是什么？
2. 39个通用工程参数有什么作用？
3. 简述矛盾矩阵表的构成要素和特点。矛盾矩阵表是如何使用的？
4. 什么是物理矛盾？解决物理矛盾采用什么方法？解决物理矛盾的目的是说明什么？
5. 分离原理有哪几种？分离原理和40个发明原理有何关系？
6. 新造的船在岸边完工后，要下水了，需要有一个平板车将船从岸边的制造车间移动到海水里面，如图5-23所示。但是当平板推车的车轮进入海水中时，海水也会进入车轮的轴承。海水会腐蚀轴承，而轴承的清洗处理既复杂又耗时，并且费用十分昂贵。这样我们就遇到了一对矛盾，如何解决这个问题？

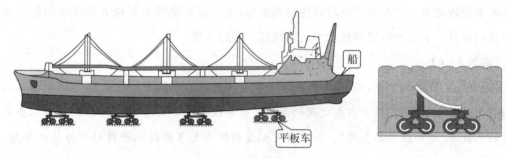

图5-23 船和平板推车

7. 在捕鱼时，所用捞网(见图5-24)的开口需要大一些，以方便鱼进入，但如果开口太大，进入网中的鱼又会逃出去，所以要求捞网的开口既要大、又要小，如何解决这一物理矛盾？

图5-24 捕鱼用的捞网

8. 汽车安全气囊是为了最大限度地保护驾驶员和前排乘客。但是，调查发现安全气囊每保护20个人，就有1个人不能受保护而死亡。造成这一结果的原因是，目前的气囊只保护了身材正常或较高的司机和乘客，对身材矮小的司机和乘客可能起伤害作用。进一步分析可知，气囊在完全膨胀后由于表层的弹性可以对司机和乘客起到保护作用，但气囊在膨胀过程中，像一个刚体，很容易碰到身材矮小(离方向盘近)的司机和乘客，而使他们受伤。请应用本章所学知识尝试解决这一问题。

9. 为了提高击打的力度,需要增加羽毛球拍的重量,但是为了节省运动员的体力,又希望球拍很轻。请分别用技术矛盾和物理矛盾来描述这一问题,并提出创新性的设计思路。

10. 路灯需要做得高一些,这样可以扩大照明范围,但是这样会给维修带来不便。请分别用技术矛盾和物理矛盾来描述这一问题,并提出创新性的设计思路。

参 考 文 献

[1] 赵锋. TRIZ 理论及应用教程[M]. 西安:西北工业大学出版社,2010.

[2] 赵敏,张武城,王冠殊. TRIZ 进阶及实战:大道至简的发明方法[M]. 北京:机械工业出版社,2016.

[3] 王传友,王国洪. 创新思维与创新技法[M]. 北京:科学出版社,2009.

[4] 杨清亮. 发明是这样诞生的:TRIZ 理论全接触[M]. 北京:机械工业出版社,2006.

[5] 牛占文,徐燕申,林岳,等. 发明创造的科学方法论——TRIZ[J]. 中国机械工程,1999,10(1):84-89.

[6] Genrich Altshuller. 创新算法:TRIZ、系统创新和技术创造力[M]. 谭增波,茹海燕,Wenling Babbitt,译. 武汉:华中科技大学出版社,2008.

附　录

附录1　奥斯本创新检核表

奥斯本创新检核表

检核项目		含　义
一、能否他用	现有的事物有无其他的用途；保持不变能否扩大用途；稍加改变有无其他用途。 包括3个问题	1. 有无新的用途？ 2. 是否有新的使用方法？ 3. 可否改变现有的使用方法？
二、能否借用	能否引入其他的创造性设想；能否模仿别的东西；能否从其他领域、产品、方案中引入新的元素、材料、造型、原理、工艺、思路。 包括5个问题	4. 有无类似的东西？ 5. 利用类比能否产生新观念？ 6. 过去有无类似的问题？ 7. 可否模仿？ 8. 能否超越？
三、能否改变	现有事物能否做些改变，如颜色、声音、味道、样式、花色、音响、品种、意义、制造方法；改变后效果如何？ 包括8个问题	9. 可否改变功能？ 10. 可否改变颜色？ 11. 可否改变形状？ 12. 可否改变运动？ 13. 可否改变气味？ 14. 可否改变音响？ 15. 可否改变外形？ 16. 是否还有其他改变的可能性？
四、能否扩大	现有事物可否扩大适用范围；能否增加使用功能；能否添加零部件，延长它的使用寿命，增加长度、厚度、强度、频率、速度、数量、价值	17. 可否增加些什么？ 18. 可否附加些什么？ 19. 可否增加使用时间？ 20. 可否增加频率？ 21. 可否增加尺寸？ 22. 可否增加强度？ 23. 可否提高性能？ 24. 可否增加新成分？ 25. 可否加倍？ 26. 可否扩大若干倍？ 27. 可否放大？ 28. 可否夸大？

续 表

检核项目	含 义	
五、能否缩小	现有事物能否体积变小、长度变短、重量变轻、厚度变薄以及拆分或省略某些部分（简单化）？能否浓缩化、省力化、方便化、短路化	29.可否减少些什么？ 30.可否密集？ 31.可否压缩？ 32.可否浓缩？ 33.可否聚合？ 34.可否微型化？ 35.可否缩短？ 36.可否变窄？ 37.可否去掉？ 38.可否分割？ 39.可否减轻？ 40.可否变成流线型？
六、能否代替	现有事物能否用其他材料、元件、结构、力、设备、方法、符号、声音等代替。 包括 10 个问题	41.可否代替？ 42.用什么代替？ 43.还有什么其他的排列？ 44.还有什么其他的成分？ 45.还有什么其他的材料？ 46.还有什么其他的过程？ 47.还有什么其他的能源？ 48.还有什么其他的颜色？ 49.还有什么其他的音响？ 50.还有什么其他的照明？
七、能否变换	现有事物能否变换排列顺序、位置、时间、速度、计划、型号；内部元件可否交换。 包括 8 个问题	51.可否变换？ 52.有无可互换的成分？ 53.可否变换模式？ 54.可否变换布置顺序？ 55.可否变换操作工序？ 56.可否变换因果关系？ 57.可否变换速度或频率？ 58.可否变换工作规范？
八、能否颠倒	现有的事物能否从内外、上下、左右、前后、横竖、主次、正负、因果等相反的角度颠倒过来用。 包括 7 个问题	59.可否颠倒？ 60.可否颠倒正负？ 61.可否颠倒正反？ 62.可否前后颠倒？ 63.可否上下颠倒？ 64.可否颠倒位置？ 65.可否颠倒作用？

续表

检核项目	含 义
九、能否组合	能否进行原理组合、材料组合、部件组合、形状组合、功能组合、目的组合。包括10个问题 66.可否重新组合？ 67.可否尝试混合？ 68.可否尝试合成？ 69.可否尝试配合？ 70.可否尝试协调？ 71.可否尝试配套？ 72.可否把物体组合？ 73.可否把目的组合？ 74.可否把特性组合？ 75.可否把观念组合？

附录2 阿奇舒勒矛盾矩阵表

矛盾矩阵表（一）

改善的通用工程参数 \ 恶化的通用工程参数	1 运动物体质量	2 静止物体质量	3 运动物体尺寸	4 静止物体尺寸	5 运动物体面积	6 静止物体面积	7 运动物体体积	8 静止物体体积	9 速度	10 力
1 运动物体的质量			15,08 29,34		29,17 38,34		29,02 40,28		02,08 15,38	08,10 18,37
2 静止物体的质量				10,01 29,35		35,30 13,02		05,35 14,02		08,10 19,35
3 运动物体的尺寸	15,08 29,34				15,17 04		07,17 04,35		13,04 08	17,10 04
4 静止物体的尺寸		35,28 40,29				17,07 10,40		35,08 02,14		28,10
5 运动物体的面积	02,14 29,04		14,15 18,04				07,14 17,04		29,30 04,34	19,30 35,02
6 静止物体的面积		30,02 14,18		26,07 09,39						01,18 35,36
7 运动物体的体积	02,26 29,40		01,07 35,04		01,07 04,17				29,04 38,34	15,35 36,37
8 静止物体的体积		35,10 19,14		35,08 02,14						02,18 37
9 速度	02,28 13,38		13,14 08		29,30 34		07,29 34			13,28 15,19
10 力	08,01 37,18	18,13 01,28	17,19 09,36	28,10	19,10 15	01,18 36,37	15,09 12,37	02,36 18,37	13,28 15,12	
11 应力，压强	10,36 37,40	13,29 10,18	35,10 36	35,01 14,16	10,15 36,28	10,15 36,24	06,35 10		06,35 36	36,35 21
12 形状	08,10 29,40	15,10 26,03	29,34 05,04	13,14 10,07	05,34 04,10		14,04 15,22	07,02 35	35,15 34,18	35,10 37,40

续表

改善的通用工程参数 \ 恶化的通用工程参数		1 运动物体质量	2 静止物体质量	3 运动物体尺寸	4 静止物体尺寸	5 运动物体面积	6 静止物体面积	7 运动物体体积	8 静止物体体积	9 速度	10 力
13	稳定性	21,35 02,39	26,39 01,40	13,15 01,28	37	02,11 13	39	28,10 19,39	34,28 35,40	33,15 28,18	10,35 21,16
14	强度	01,08 40,15	40,26 27,01	01,15 08,35	15,14 28,26	03,34 40,29	09,40 28	10,15 14,07	09,14 17,15	08,13 26,14	10,18 03,14
15	运动物体的作用时间	19,05 34,31		02,19 09		03,17 19		10,02 19,30		03,35 05	19,02 16
16	静止物体的作用时间		06,27 19,16		01,40 35				35,34 38		
17	温度	36,22 06,38	22,35 32	15,19 09	15,19 09	03,35 39,18	35,38	34,39 40,18	35,06 04	02,28 36,30	35,10 03,21
18	照度	19,01 32	02,35 32	19,32 16		19,32 26		02,13 10		10,13 19	26,19 06
19	运动物体的能量消耗	12,18 28,31		12,28		15,19 25		35,13 18		08,15 35	16,26 21,02
20	静止物体的能量消耗		19,09 06,27								36,37
21	功率	08,36 38,31	19,26 17,27	01,10 35,37		19,38	17,32 13,38	35,06 38	30,06 25	15,35 02	26,02 36,35
22	能量损失	15,06 19,28	19,06 18,09	07,02 06,13	06,38 07	15,26 17,30	17,07 30,18	07,18 23	07	16,35 38	36,38
23	物质损失	35,06 23,40	35,06 22,32	14,29 10,39	10,28 24	35,02 10,31	10,18 39,31	01,29 30,36	03,39 18,31	10,13 28,38	14,15 18,40
24	信息损失	10,24 35	10,35 05		01,26	26	30,26	30,16		02,22	26,32
25	时间损失	10,20 37,35	10,20 26,05	15,02 29	30,24 14,05	26,04 05,16	10,35 17,04	02,05 34,10	35,16 32,18		10,37 36,05
26	物质的量	35,06 18,31	27,26 18,35	29,14 35,18		15,14 29	02,18 40,04	15,20 29		35,29 34,28	35,14 03
27	可靠性	03,08 10,40	03,10 08,28	15,09 14,04	15,29 28,11	17,10 14,16	32,35 40,04	03,10 14,24	02,35 24	21,35 11,28	08,28 10,03
28	测试精度	32,35 26,28	28,35 25,26	28,26 05,16	32,28 03,16	26,28 32,03	26,28 32,03	32,13 06		28,13 32,24	32,02
29	制造精度	28,32 13,18	28,35 27,09	10,28 29,37	02,32 10	28,33 29,32	02,29 18,36	32,28 02	25,10 35	10,28 32	28,19 34,36
30	作用于物体的有害因素	22,21 27,39	02,22 13,24	17,01 39,04	01,18	22,01 33,28	27,02 39,35	22,23 37,35	34,39 19,27	21,22 35,28	13,35 39,18
31	物体产生的有害因素	19,22 15,39	35,22 01,39	17,15 16,22		17,02 18,39	22,01 40	17,02 40	30,18 35,04	35,28 03,23	35,28 01,40

续 表

改善的通用工程参数 \ 恶化的通用工程参数		1 运动物体质量	2 静止物体质量	3 运动物体尺寸	4 静止物体尺寸	5 运动物体面积	6 静止物体面积	7 运动物体体积	8 静止物体体积	9 速度	10 力
32	可制造性	28,29 15,16	01,27 36,13	01,29 13,17	15,17 27	13,01 26,12	16,40	13,29 01,40	35	35,13 08,01	35,12
33	操作流程的方便性	25,02 13,15	06,13 01,25	01,17 13,12		01,17 13,16	18,16 15,39	01,16 35,15	04,18 31,39	18,13 34	28,13 35
34	可维修性	02,27 35,11	02,27 35,11	01,28 10,25	03,18 31	15,32 13	16,25	25,02 35,11	01	34,09	01,11 10
35	适应性,通用性	01,06 15,08	19,15 29,16	35,01 29,02	01,35 16	35,30 29,07	15,16	15,35 29		35,10 14	15,17 20
36	系统的复杂性	26,30 34,36	02,26 35,39	01,19 26,24	26	14,01 13,16	06,36	34,26 06	01,16	34,10 28	26,16
37	控制与测量的复杂性	27,26 28,13	06,13 28,01	16,17 26,24	26	02,13 18,17	02,39 30,16	29,01 04,16	02,18 26,31	03,04 16,35	36,28 40,19
38	自动化程度	28,26 18,35	28,26 35,10	14,13 28,27	23	17,14 13		35,13 16		28,10	02,35
39	生产率	35,26 24,37	28,27 15,03	18,04 28,38	30,07 14,26	10,26 34,31	10,35 17,07	02,06 34,10	35,37 10,02		28,15 10,36

矛盾矩阵表(二)

改善的通用工程参数 \ 恶化的通用工程参数		11 应力压强	12 形状	13 结构的稳定性	14 强度	15 运动物体作用时间	16 静止物体作用时间	17 温度	18 照度	19 运动物体消耗能量	20 静止物体消耗能量
1	运动物体的质量	10,36 37,40	10,14 35,40	01,35 19,39	28,27 18,40	05,34 31,35		06,29 04,38	19,01 32	35,12 34,31	
2	静止物体的质量	13,29 10,18	13,10 29,14	26,39 01,40	28,02 10,27		02,27 19,06	28,19 32,22	35,19 32		18,19 28,01
3	运动物体的尺寸	01,18 35	01,08 10,29	01,18 15,34	08,35 29,34	19		10,15 19	32	08,35 24	
4	静止物体的尺寸	01,14 35	13,14 15,07	39,37 35	15,14 28,26		01,40 35	03,35 38,18	03,25		

续 表

改善的通用工程参数 \ 恶化的通用工程参数		11 应力压强	12 形状	13 结构的稳定性	14 强度	15 运动物体作用时间	16 静止物体作用时间	17 温度	18 照度	19 运动物体消耗能量	20 静止物体消耗能量
5	运动物体的面积	10,15 36,28	05,34 29,04	11,02 13,39	03,15 40,14	06,03		02,15 16	15,32 19,13	19,32	
6	静止物体的面积	10,15 36,37		02,38	40		02,10 19,30	35,39 38			
7	运动物体的体积	06,35 36,37	01,15 29,04	28,10 01,39	09,14 15,07	06,35 04		34,39 10,18	10,13 02	35	
8	静止物体的体积	24,35	07,02 35	34,28 35,40	09,14 17,15		35,34 38	35,06 04			
9	速度	06,18 38,40	35,15 18,34	28,33 01,18	08,03 26,14	03,19 35,05		28,30 36,02	10,13 19	08,15 35,38	
10	力	18,21 11	10,35 40,34	35,10 21	35,10 14,27	19,02		35,10 21		19,17 10	01,16 36,37
11	应力,压强		35,04 15,10	35,33 02,40	09,18 03,40	19,03 27		35,39 19,02		14,24 10,37	
12	形状	34,15 10,14		33,01 18,04	30,14 10,40	14,26 09,25		22,14 19,32	13,15 32	02,06 34,14	
13	稳定性	02,35 40	22,01 18,04		17,09 15	13,27 10,35	39,03 35,23	35,01 32	32,03 27,15	13,19	27,04 29,18
14	强度	10,03 18,40	10,30 35,40	13,17 35		27,03 26		30,10 40	35,19	19,35 10	35
15	运动物体的作用时间	19,03 27	14,26 28,25	13,03 35	27,03 10			19,35 39	02,19 04,35	28,06 35,18	
16	静止物体的作用时间			39,03 35,23				19,18 36,40			
17	温度	35,39 19,02	14,22 19,32	01,35 32	10,30 22,40	19,13 39	19,18 36,40		32,30 21,16	19,15 03,17	
18	照度		32,30	32,03 27	35,19	02,19 06		32,35 19		32,01 19	32,35 01,15
19	运动物体的能量消耗	23,14 25	12,02 39	19,13 17,24	05,19 09,35	28,35 06,18		19,24 03,14	02,15 19		
20	静止物体的能量消耗			27,04 29,18	35			19,02 35,32			

续表

改善的通用工程参数 \ 恶化的通用工程参数		11 应力压强	12 形状	13 结构的稳定性	14 强度	15 运动物体作用时间	16 静止物体作用时间	17 温度	18 照度	19 运动物体消耗能量	20 静止物体消耗能量
21	功率	22,10 35	29,14 02,40	35,32 15,31	26,10 28	19,35 10,38	16	02,14 17,25	16,06 19	16,06 19,37	
22	能量损失			14,02 39,06	26			19,38 07	01,13 32,15		
23	物质损失	03,36 37,10	29,35 03,05	02,14 30,40	35,28 31,40	28,27 03,18	27,16 18,38	21,36 39,31	01,06 13	35,18 24,05	28,27 12,31
24	信息损失					10	10		19		
25	时间损失	37,36 04	04,10 34,17	35,03 22,05	29,03 28,18	20,10 28,18	28,20 10,16	35,29 21,18	01,19 21,17	35,38 19,18	01
26	物质的量	10,36 14,03	35,14	15,02 17,40	14,35 34,10	03,35 10,40	03,35 31	03,17 39		34,29 16,18	03,35 31
27	可靠性	10,24 35,19	35,01 16,11		11,28	02,35 03,25	34,27 06,40	03,35 10	11,32 13	21,11 27,19	36,23
28	测试精度	06,28 32	06,28 32	32,35 13	28,06 32	28,06 32	10,26 24	06,19 28,24	06,01 32	03,06 32	
29	制造精度	03,35	32,30 40	30,18	03,27	03,27 40			19,26	03,32	32,02
30	作用于物体的有害因素	22,02 37	22,01 03,35	35,24 30,18	18,35 37,01	22,15 33,28	17,01 40,33	22,33 35,02	01,19 32,13	01,24 06,27	10,02 22,37
31	物体产生的有害因素	02,33 27,18	35,01	35,40 27,39	15,35 22,02	15,22 33,31	21,39 16,22	22,35 02,24	19,24 39,32	02,35 06	19,22 18
32	可制造性	35,19 01,37	01,28 13,27	11,13 01	11,03 10,32	27,01 04	35,16	27,26 18	28,24 27,01	28,26 27,01	01,04
33	操作流程的方便性	02,32 12	15,34 29,28	32,35 30	32,40 03,28	29,03 08,25	01,16 25	26,27 13	13,17 01,24	01,13 24	
34	可维修性	13	01,13 02,04	02,35	01,11 02,39	11,29 28,27	01	04,10	15,01 13	15,01 28,16	
35	适应性,通用性	35,16	15,37 01,08	35,30 14	35,03 32,06	13,01 35	02,16	27,02 03,35	06,22 26,01	19,35 29,13	
36	系统的复杂性	19,01 35	29,13 28,15	02,22 17,19	02,13 28	10,04 28,15		02,17 13	24,17 13	27,02 29,28	

续表

改善的通用工程参数 \ 恶化的通用工程参数		11 应力压强	12 形状	13 结构的稳定性	14 强度	15 运动物体作用时间	16 静止物体作用时间	17 温度	18 照度	19 运动物体消耗能量	20 静止物体消耗能量
37	控制与测量的复杂性	35,36 37,32	27,13 01,39	11,22 39,30	27,03 15,28	19,29 25,39	25,34 06,35	03,27 35,16	02,24 26	35,38	19,35 16
38	自动化程度	13,35	15,32 01,13	18,01	25,13	06,09		26,02 19	08,32 19	02,32 13	
39	生产率	10,37 14	14,10 34,40	35,03 22,39	29,28 10,18	35,10 02,18	20,10 16,38	35,21 28,10	26,17 19,01	35,10 38,19	01

矛盾矩阵表（三）

改善的通用工程参数 \ 恶化的通用工程参数		21 功率	22 能量损失	23 物质损失	24 信息损失	25 时间损失	26 物质的量	27 可靠性	28 测量精度	29 制造精度	30 作用于物体的有害因素
1	运动物体的质量	12,36 18,31	06,02 34,19	05,35 03,31	10,24 35	10,35 20,28	03,26 18,31	03,11 01,27	28,27 35,26	28,35 26,18	22,21 18,27
2	静止物体的质量	15,19 18,22	18,19 28,15	05,08 13,30	10,15 35	10,20 35,26	19,06 18,26	10,28 08,03	18,26 28	10,01 35,17	02,19 22,37
3	运动物体的尺寸	01,35	07,02 35,39	04,29 23,10	01,24	15,02 29	29,35	10,14 29,40	28,32 04	10,28 29,37	01,15 17,24
4	静止物体的尺寸	12,08	06,28	10,28 24,35	24,26	30,29 14		15,29 28	32,28 03	02,32 10	01,18
5	运动物体的面积	19,10 32,18	15,17 30,26	10,35 02,39	30,26	26,04	29,30 06,13	29,09	26,28 32,03	02,32	22,33 28,01
6	静止物体的面积	17,32	17,07 30	10,14 18,39	30,16	10,35 04,18	02,18 40,04	32,35 40,04	26,28 32,03	02,29 18,36	27,02 39,35
7	运动物体的体积	35,06 13,18	07,15 13,16	36,39 34,10	02,22	02,06 34,10	29,30 07	14,01 40,11	25,26 28	25,28 02,16	22,21 27,35
8	静止物体的体积	30,06		10,39 35,34		35,16 32,18	35,03	02,35 16		35,10 25	34,39 19,27
9	速度	19,35 38,02	14,20 19,35	10,13 28,38	13,26		10,19 29,38	11,35 27,28	28,32 01,24	10,28 32,25	01,28 35,23

续表

改善的通用工程参数 \ 恶化的通用工程参数		21 功率	22 能量损失	23 物质损失	24 信息损失	25 时间损失	26 物质的量	27 可靠性	28 测量精度	29 制造精度	30 作用于物体的有害因素
10	力	19,35 18,37	14,15	08,35 40,05		10,37 36	14,29 18,36	03,35 13,21	35,10 23,24	28,29 37,36	01,35 40,18
11	应力,压强	10,35 14	02,36 25	10,36 37		37,36 04	10,14 36	10,13 19,35	06,28 25	03,35	22,02 37
12	形状	04,06 02	14	35,29 03,05		14,10 34,17	36,22	10,40 16	28,32 01	32,30 40	22,01 02,35
13	稳定性	32,35 27,31	14,02 39,06	02,14 30,40		35,27	15,32 35		13	18	35,23 18,30
14	强度	10,26 35,28	35	35,28 31,40		29,03 28,10	29,10 27	11,03	03,27 16	03,27	18,35 37,01
15	运动物体的作用时间	19,10 35,38		28,27 03,18	10	20,10 28,18	03,35 10,40	11,02 13	03	03,27 16,40	22,15 33,28
16	静止物体的作用时间	16		27,16 18,38	10	28,20 10,16	03,35 31	34,27 06,40	10,26 24		17,01 40,33
17	温度	02,14 17,25	21,17 35,38	21,36 29,31		35,28 21,18	03,17 30,39	19,35 03,10	32,19 24	24	22,33 35,02
18	照度	32	13,16 01,06	13,01	01,06	19,01 26,17	01,19		11,15 32	03,32	15,19
19	运动物体的能量消耗	06,19 37,18	12,22 15,24	35,24 18,05		35,38 19,18	34,23 16,18	19,21 11,27	03,01 32		01,35 06,27
20	静止物体的能量消耗			28,27 18,31			03,35 31	10,36 23			10,02 22,37
21	功率		10,35 38	28,27 18,38	10,19	35,20 10,06	04,34 19	19,24 26,31	32,15 02	32,02	19,22 31,02
22	能量损失	03,38		35,27 02,37	19,10	10,18 32,07	07,18 25	11,10 35		21,22 35,02	
23	物质损失	28,27 18,38	35,27 02,31			15,18 35,10	06,03 10,24	10,29 39,35	16,34 31,28	35,10 24,31	33,22 30,40
24	信息损失	10,19	19,10			24,26 28,32	24,28 35	10,28 23			22,10 01
25	时间损失	35,20 10,06	10,05 18,32	35,18 10,39	24,26 28,32		35,38 18,16	10,30 04	24,34 28,32	24,26 28,18	35,18 34

续 表

改善的通用工程参数 \ 恶化的通用工程参数		21 功率	22 能量损失	23 物质损失	24 信息损失	25 时间损失	26 物质的量	27 可靠性	28 测量精度	29 制造精度	30 作用于物体的有害因素
26	物质的量	35	07,18 25	06,03 10,24	24,28 35	35,38 18,16		18,03 28,40	03,02 28	33,30	35,33 29,31
27	可靠性	21,11 26,31	10,11 35	10,35 29,39	10,28	10,30 04	21,28 40,03		32,03 11,23	11,32 01	27,35 02,40
28	测试精度	03,06 32	26,32 27	10,16 31,28		24,34 28,32	02,06 32	05,11 01,23			28,24 22,26
29	制造精度	32,02	13,23 02	35,31 10,24		32,26 28,18	32,30	11,32 01			26,28 10,36
30	作用于物体的有害因素	19,22 31,02	21,22 35,02	33,22 19,40	22,10 02	35,18 34	35,33 29,31	27,24 02,40	28,33 23,26	26,28 10,18	
31	物体产生的有害因素	02,35 18	21,35 22,02	10,01 34	10,21 29	01,22	03,24 39,01	24,02 40,39	03,33 26	04,17 34,26	
32	可制造性	27,01 12,24	19,35	15,34 33	32,24 18,16	35,28 34,04	35,24 01,24		01,35 12,18		24,02
33	操作流程的方便性	35,34 02,10	02,19 13	28,32 02,24	04,10 27,22	04,28 10,34	12,35	17,27 08,40	25,13 02,34	01,32 35,23	02,25 28,39
34	可维修性	15,10 32,02	15,01 32,19	02,35 34,27		32,01 10,25	02,28 10,25	11,10 01,16	10,02 13	25,10	35,10 02,16
35	适应性,通用性	19,01 29	18,15 01	15,10 02,13		35,28	03,35 15	35,13 08,24	35,05 01,10		35,11 32,31
36	系统的复杂性	20,19 30,34	10,35 13,02	35,10 28,29		06,29	13,03 27,10	13,35 01	02,26 10,34	26,24 32	22,19 29,40
37	控制与测量的复杂性	19,01 16,10	35,03 15,19	01,18 10,24	35,33 27,22	18,28 32,09	03,27 29,18	27,40 28,08	26,24 32,28		22,19 29,28
38	自动化程度	28,02 27	23,28	35,10 18,05	35,33	24,28 35,30	35,13	11,27 32	28,26 10,34	28,26 18,23	02,33
39	生产率	35,20 10	28,10 29,35	28,10 35,23	13,15 23		35,38	01,35 10,38	01,10 34,28	32,01 18,10	22,35 13,24

矛盾矩阵表(四)

改善的通用工程参数 \ 恶化的通用工程参数		31 物体产生的有害因素	32 可制造性	33 操作流程的方便性	34 可维修性	35 适应性通用性	36 系统的复杂性	37 控制和测量的复杂性	38 自动化程度	39 生产率
1	运动物体的质量	22,35 31,39	27,28 01,36	35,03 02,24	02,27 28,11	29,05 15,08	26,30 36,34	28,29 26,32	26,35 18,19	35,03 24,37
2	静止物体的质量	35,22 01,39	28,01 09	06,13 01,32	02,27 28,11	19,15 29	01,10 26,39	25,28 17,15	02,26 35	01,28 15,35
3	运动物体的尺寸	17,15	01,29 17	15,29 35,04	01,28 10	14,15 01,16	01,19 26,24	35,01 26,24	17,24 26,16	14,04 28,29
4	静止物体的尺寸		15,17 27		02,25	03	01,35	01,26	26	30,14 27,26
5	运动物体的面积	17,02 18,39	13,01 26,24	15,17 13,16	15,13 10,01		15,30	14,01 13	02,36 26,18	14,30 28,23	10,26 34,02
6	静止物体的面积	22,01 40	40,16	16,04	16	15,16		01,18 36	02,35 30,18	23	10,15 17,07
7	运动物体的体积	17,02 40,01	29,01 40	15,13 30,12	10	15,29	26,01		29,26 04	35,34 16,24	10,06 02,34
8	静止物体的体积	30,18 35,04	35		01		01,31	02,17 26		35,37 10,02
9	速度	02,24 32,21	35,13 08,01	32,28 13,12	34,02 28,27	15,10 26	10,28 04,34	03,34 27,16	10,18	
10	力	13,03 36,24	15,37 18,01	01,28 03,25	15,01 11	15,17 18,20	26,35 10,18	36,37 10,19	02,35	03,28 35,37
11	应力,压强	02,33 27,18	01,35 16	11	02	35	19,01 35	02,36 37	35,24	10,14 35,37
12	形状	35,01	01,32 17,28	32,15 26	02,13 01	01,15 29	16,29 01,28	15,13 39	15,01 32	17,26 34,10
13	稳定性	35,40 27,39	35,19	32,35 30	02,35 10,16	35,30 34,02	02,35 22,26	35,22 39,23	01,08 35	23,35 40,03
14	强度	15,35 22,02	11,03 10,32	32,40 28,02	27,11 03	15,03 32	02,13 28,25	27,03 15,40	15	29,35 10,14
15	运动物体的作用时间	21,39 16,22	27,01 04	12,27	29,10 27	01,35 13	10,04 29,15	19,29 39,35	06,10	35,17 14,19

续表

改善的通用工程参数 \ 恶化的通用工程参数		31 物体产生的有害因素	32 可制造性	33 操作流程的方便性	34 可维修性	35 适应性通用性	36 系统的复杂性	37 控制和测量的复杂性	38 自动化程度	39 生产率
16	静止物体的作用时间	22	35,10	01	01	02		25,34 06,35	01	20,10 16,38
17	温度	22,35 02,24	26,27	26,27	04,10 16	02,18 27	02,17 16	03,27 35,31	26,02 19,16	15,28 35
18	照度	35,19 32,39	19,35 28,26	28,26 19	15,17 13,16	15,01 19	06,32 13	32,15	02,26 10	02,25 16
19	运动物体的能量消耗	02,35 06	28,26 30	19,35	01,15 17,28	15,17 13,16	02,29 27,28	35,38	32,02	12,28 35
20	静止物体的能量消耗	19,22 18	01,04					19,35 16,25		01,06
21	功率	02,35 18	26,10 34	26,35 10	35,02 10,34	19,17 34	20,19 30,34	19,35 16	28,02 17	28,35 34
22	能量损失	21,35 02,22		35,32 01	02,19		07,23	35,03 15,23	02	28,10 29,35
23	物质损失	10,01 34,29	15,34 33	32,28 02,24	02,35 34,27	15,10 02	35,10 28,24	35,18 10,13	35,10 18	28,35 10,23
24	信息损失	10,21 22	32	27,22				35,33	35	13,23 15
25	时间损失	35,22 18,39	35,28 34,04	04,28 10,34	32,01 10	0 35,28	06,29	18,28 32,10	24,28 35,30	
26	物质的量	03,35 40,39	29,01 35,27	35,29 10,25	02,32 10,25	15,03 29	03,23 27,10	03,27 29,18	08,35	13,29 03,27
27	可靠性	35,02 40,26		27,17 40	01,11	13,35 08,24	13,35 01	27,40 28	11,13 27	01,35 29,38
28	测试精度	03,33 39,10	06,35 25,18	01,13 17,34	01,32 13,11	13,35 02	27,35 10,34	26,24 32,28	28,02 10,34	10,34 28,32
29	制造精度	04,17 34,26		01,32 35,23	25,10		26,02 18		26,28 18,23	10,18 32,39
30	作用于物体的有害因素		24,35 02	02,25 28,39	35,10 02	35,11 22,31	22,19 29,40	22,19 29,40	33,03 34	22,35 13,24
31	物体产生的有害因素						19,01 31	02,21 27,01	02	22,35 18,39

续表

改善的通用工程参数 \ 恶化的通用工程参数		31 物体产生的有害因素	32 可制造性	33 操作流程的方便性	34 可维修性	35 适应性通用性	36 系统的复杂性	37 控制和测量的复杂性	38 自动化程度	39 生产率
32	可制造性			02,05 13,16	35,01 11,09	02,13 15	27,26 01	06,28 11,01	08,28 01	35,01 10,28
33	操作流程的方便性		02,05		12,26 01,32	15,34 01,16	32,26 12,17		01,34 12,03	15,01 28
34	可维修性		01,35 11,10	01,12 26,15		07,01 04,16	35,01 13,11		34,35 07,13	01,32 10
35	适应性,通用性	01,13 31	15,34 01,16	01,16 07,04		15,29 37,28	01	27,34 35	35,28 06,37	
36	系统的复杂性	19,01	27,26 01,13	27,09 26,24	01,13	29,15 28,37		15,10 37,28	15,10 24	12,17 28
37	控制与测量的复杂性	02,21	05,28 11,29	02,05	12,26	01,15	15,10 37,28		34,21	35,18
38	自动化程度	02,33	01,26 13	01,12 34,03	01,35 13	27,04 01,35	15,24 10	34,27 25		05,12 35,26
39	生产率	35,22 18,39	35,28 02,24	01,28 07,19	01,32 10,25	01,35 28,37	12,17 28,24	35,18 27,02	05,12 35,26